大学C语言实用教程实验指导与习题

（第3版）

姜书浩　主编

王娅静　杜利农　杨娜　参编

清华大学出版社

北京

内 容 简 介

本书为潘旭华、姜书浩主编的《大学C语言实用教程》(第3版)(ISBN 978-7-302-63899-5)的配套实践指导教材,全书分为5篇:第一篇介绍了 Visual C++ 2010、Dev-C++ 以及 C-Free 这3种程序编译环境,第二篇包含9个实验,第三篇包含两个综合课程设计,第四篇包含9个基础练习,第五篇包含3个模拟练习。此外,附录给出所有内容的参考答案。

本书遵循面向应用、注重实用、好学好用的原则,适合作为高等学校本科计算机专业基础课程的实践指导教材,也适合高校"新工科"人才培养中信息类通识课程的实践教程。此外希望突破编程实践难点的读者自学时也可使用。

图书在版编目(CIP)数据

大学C语言实用教程实验指导与习题 / 姜书浩主编;
王娅静,杜利农,杨娜参编. -- 3版. -- 北京:清华大
学出版社,2024.10(2025.7重印). -- ISBN 978-7-302-67411-5

Ⅰ. TP312.8

中国国家版本馆 CIP 数据核字第 2024TG6137 号

责任编辑:汪汉友
封面设计:何凤霞
责任校对:韩天竹
责任印制:刘海龙

出版发行:清华大学出版社

网   址:https://www.tup.com.cn,https://www.wqxuetang.com
地   址:北京清华大学学研大厦 A 座   邮   编:100084
社 总 机:010-83470000   邮   购:010-62786544
投稿与读者服务:010-62776969,c-service@tup.tsinghua.edu.cn
质量反馈:010-62772015,zhiliang@tup.tsinghua.edu.cn
课件下载:https://www.tup.com.cn,010-62795954
印 装 者:三河市君旺印务有限公司
经   销:全国新华书店
开   本:185mm×260mm   印 张:17.75   字   数:436 千字
版   次:2011 年 3 月第 1 版   2024 年 10 月第 3 版   印   次:2025 年 7 月第 2 次印刷
定   价:54.50 元

产品编号:101996-01

前　　言

　　C 语言是现代最流行的通用程序设计语言之一。它功能丰富、使用灵活方便、应用面广,兼具有高级程序设计语言和低级程序设计语言的优点,既可用于编写系统程序,又可以用于编写应用程序,因此正在被迅速地推广和普及。

　　C 语言的学习实践性很强,上机实验环节是"C 语言程序设计"课程的重要组成部分。通过上机实验,在巩固和加深课堂教学内容的基础上进行实际的程序编制和调试训练,不但提高学生的实践动手能力,而且引导、培养学生将计算机技术运用到本专业领域的意识和能力。

　　本书为潘旭华、姜书浩主编的《大学 C 语言实用教程》(第 3 版)(ISBN 978-7-302-63899-5)的配套实践指导教材,目的是解决初学者将理论应用于实践时面临的各种困难。通过实践加强读者对理论知识的理解,帮助读者了解使用计算机解决问题的各种基本方法。

　　本书本着面向应用、注重实用、读者好用的原则,为学习 C 语言程序设计的读者上机实习和自我测试安排了大量的编程和模拟练习,既适合课堂教学实验又与全国计算机等级考试相契合。书中内容由浅入深、循序渐进,既有 C 语言知识方面的训练,更强调计算机算法的理解和程序设计思维方法的培养,基础和创新并举、普及与提高兼顾,可适合不同层次读者的需要。本书既可作为高等院校"C 语言程序设计"课程的教学参考书,又可作为参加计算机等级考试和相关工程技术人员的自学教材。

　　与第 2 版相比,本书介绍了包含 Visual C++ 2010 在内的集成开发环境,总结了实验过程中课程出现的错误并介绍了处理方法,增加了算法经典案例和综合课程设计部分,提升了教材内容的高阶性和挑战度,同时结合数据分析的综合课程设计,探索数字化实践教学内容的教材建设。

　　本书主要内容如下。

　　第一篇介绍了 Visual C++ 2010、Dev-C++ 以及 C-Free 这 3 种程序编译环境,可满足全国计算机等级考试和各类学科竞赛等编程环境的需求。本篇还介绍了不同环境下程序调试的过程和容易出现的问题。

　　第二篇包含 9 个实验,每个实验都包含"知识导学""常见的编程错误""能力训练""实验任务和指导"4 部分,对实验所需知识体系进行复习与回顾,对编程中容易出现的错误分析以及实践之前的能力训练和实验任务指导进行了系统介绍,在"知识导学"中增加了"学习思考"环节,有助于通过实践培养学生严谨的程序设计思想、塑造正确的科学观、价值观。

　　第三篇包含两个综合课程设计,其中"小麦种子分类"课程设计,需要在对 C 程序设计语言熟悉的基础上,掌握一定的数据分析方法的原理,并将其应用到实践环节,为培养数字化人才做出有益的探索和尝试。

　　第四篇包含 9 个基础练习,其中有程序验证、程序填空、程序改错和程序设计 4 种题型。引入经典算法案例环节,提升实践内容的高阶性,满足学生对学习挑战度的需求,鼓励和引导学生进行拓展性学习,拓宽学生分析问题和解决问题的思路,从而为后续专业课程的学习和毕业设计打下扎实的理论和实践基础。

第五篇包含3个模拟练习,帮助读者通过相关考试。

此外,本书附录部分提供了参考答案,以便读者学习使用。

本书特点如下。

(1)教材以高质量人才培养为导向,以新工科人才计算思维及实践能力培养为导向,突出教材内容的实践性、创新性和国际化的特点。

(2)本教材的实践体系包含"知识导学""能力训练""实践任务",注重学生实践能力的培养,强调理论联系实际,培养学生解决实际问题的能力。

(3)实践内容包含"经典算法"和"综合课程设计",注重培养学生的创新意识,鼓励学生进行创新实践,提高学生的创新能力。

(4)教材编写与国际接轨,通过"学习思考"和"经典算法延伸"引导学生采用实践和探究式学习,激发学生在全球化背景下的时代责任感和强国使命感,培养工程实践能力强、创新能力强、具备国际竞争力的高素质复合型"新工科"人才。

本书由王娅静编写第一篇、实验3～实验5及附录A,由杜利农编写实验1、实验2、第五篇,由杨娜编写实验6、实验7和第三篇,由姜书浩编写实验8、实验9、第四篇以及附录B、附录C部分。全书由姜书浩担任主编并统稿。本书在编写和出版过程中,得到赵玉刚、潘旭华两位老师的大力支持,清华大学出版社的编校人员为此付出了大量的辛勤劳动,在此一并表示感谢。

本书遵循面向应用、注重实用、读者好用的原则,适合作为高等学校本科计算机专业基础课程的实践指导教材,也适合高校"新工科"人才培养中信息类通识课程的实践教程,并且希望突破编程实践难点的读者自学使用。所有程序都已经在 Visual C++ 2010 环境下调试并编译通过。

本书配套的电子教学资源(教学大纲、实验大纲、授课计划、电子教案、电子图书等),可在清华大学出版社网站本书相应的页面中下载。

由于作者学识水平所限,书中难免疏漏和不妥,恳请读者不吝指正。

编 者
2024 年 7 月

学习资源

目　　录

第一篇

开发环境与程序调试

1. 常见的集成开发环境

高效便捷的集成开发环境使得开发者能够快速上手并熟悉各项功能,有效提升程序编写、调试效率,提高代码质量。本节介绍了 Windows 平台下 Microsoft Visual C++ 2010、Dev-C++ 和 C-Free 这 3 种常用的 C 语言集成开发环境。

1) Microsoft Visual C++ 2010 集成开发环境的使用

Microsoft Visual C++(简称 Visual C++)是美国微软公司的推出的一款基于 Windows 系统的集成开发环境,它不仅支持 C++ 语言,也兼容 C 语言。2009 年发布的 Microsoft Visual C++ 2010(以下简称 Visual C++ 2010)新添加了对 C++ 11 标准引入的新特性的支持,是目前全国计算机等级考试二级 C 语言程序设计使用的开发环境。Visual C++ 2010 包括学习版和专业版,学习版即 Visual C++ 2010 Express 的中文,学习版比专业版简单、兼容性高并且是免费的。下面介绍如何在 Visual C++ 2010 下开发 C 程序。

(1)创建项目。

第 1 步,启动 Visual C++ 2010 集成开发环境,进入"起始页"界面,如图 0-1 所示。

图 0-1　Visual C++ 2010 学习版的"起始页"界面

第 2 步,创建 C 语言程序项目。在"起始页"界面中,单击"新建项目"按钮。也可以选中"文件"|"新建"|"项目"菜单选项,如图 0-2 所示。

第 3 步,在弹出的新建项目对话框中,选中"空项目"选项,通过下面的文本框设定项目名称、保存位置、解决方案名称。

① 名称(N):在文本框内输入项目名称 test1。

② 位置(L):在文本框选择盘符和文件夹,本例选 D 盘。

③ 解决方案名称(M):若不输入内容,默认 test1。

单击"确定"按钮,完成项目创建,如图 0-3 所示。

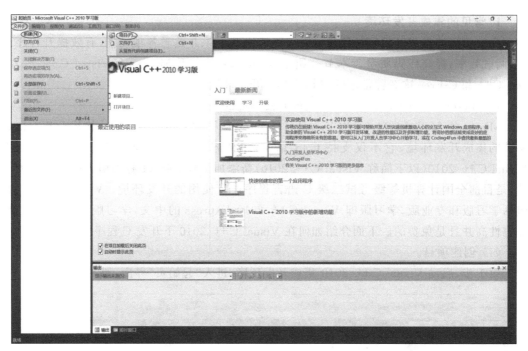

图 0-2 新建项目

图 0-3 创建项目的设置界面

第 4 步,完成项目创建后,在"解决方案资源管理器"中新增了一个名为 test1 的项目资源列表。由于之前选择的是创建"空项目",因此没有任何代码文件,如图 0-4 所示。

第 5 步,创建 C 语言源程序。在图 0-5 所示的"解决方案资源管理器"窗口内右击"源文件",在弹出的快捷菜单中选中"添加"|"新建项"选项,弹出"添加新项"对话框,如图 0-6 所示。

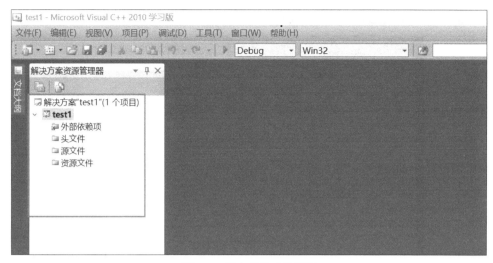

图 0-4 创建项目后的界面

图 0-5 "新建项目"对话框

在"添加新项"对话框中设定添加项的类型和名称。选中"C++ 文件(.cpp)"项,并在下方的文本框输入对应内容。

① 名称(N):文本框内输入文件名称 sy1-1.c(文件名可自行确定)。

② 位置(L):文本框默认 D:\Desktop\test1\test1\。

最后单击"添加"按钮,完成添加 C 语言源程序文件的操作。

注意:在 C 语言项目中,一定要以".c"作为文件的扩展名,否则系统默认扩展名是".cpp",那么新建立的就不是 C 源程序文件,而是 C++ 源程序文件了。

添加文件 sy1-1.c 后,界面如图 0-7 所示。此时在 test1 项目资源列表的源文件下,新增了一个命名为 sy1-1.c 的源文件,在右边出现的该源文件的编辑窗口就可以编写 C 程序源代码,进行 C 语言程序设计了。

(2)C 程序编辑。下面以一个简单的 C 语言程序编程为例。编制程序,功能是给定圆

图 0-6 "添加新项"对话框

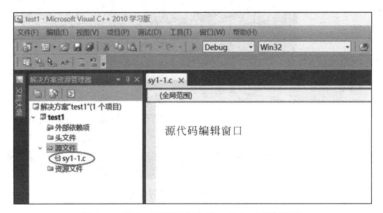

图 0-7 添加 C 源程序文件 sy1-1.c 后的界面

的半径,计算圆的周长和面积,源代码如下:

```c
#include <stdio.h>
#define PI 3.14159
main()
{
    double r,a,c;
    r=2.5;
    a=PI*r*r;
    c=2*PI*r;
    printf("r=%f,a=%f,c=%f\n", r,a,c);
}
```

在"源代码编辑"窗口,输入示例代码,单击工具栏的"保存"按钮(或使用"文件"|"保存"菜单选项)保存源代码,此时示例代码被编辑到 sy1-1.c 中,如图 0-8 所示。

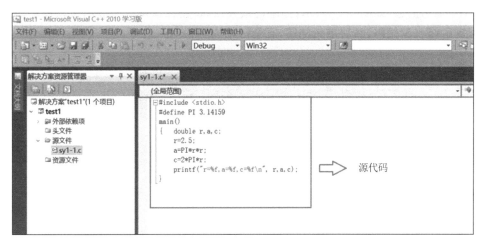

图 0-8　编写 C 语言代码

如果事先已经创建并编辑了代码文件 sy1-1.c,则可以通过"添加"|"现有项"菜单选项将源代码文件添加项目中。

(3)编译和运行。选中"生成"|"编译"菜单选项,即可编译程序。如果 sy1-1.c 程序源代码正确,则程序编译成功,在信息"输出"窗口显示"生成:成功 1 个,失败 0 个,最新 0 个,跳过 0 个"提示信息,此时 sy1-1.obj 目标程序正确生成,可以进入下一步操作,如图 0-9 所示;否则根据输出窗口中显示的出错信息,修改程序中的语法错误后,再编译源程序,如此反复,直到没有语法错误为止。

图 0-9　编译后"输出"窗口

完成编译后,选中"生成"|"仅用于项目"|"仅链接 test1"菜单选项,即可进行链接。和编译一样,如果链接成功,则在信息"输出"窗口显示"生成:成功 1 个,失败 0 个,最新 0 个,跳过 0 个"提示信息,如图 0-10 所示;如果链接失败,也会在该窗口中显示错误提示信息,此时根据提示修改源代码,然后重新链接,直至链接成功。

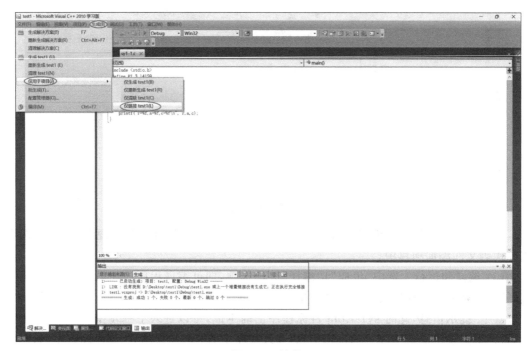

图 0-10　链接

完成编译和链接后,选中"调试"|"开始执行(不调试)"菜单选项,或按 Ctrl＋F5 组合键运行程序,如图 0-11 所示;此时会得到运行结果,即圆的面积和周长,如图 0-12 所示。

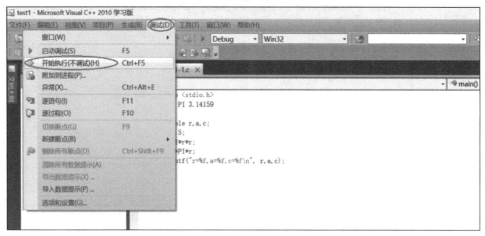

图 0-11　开始执行

注意:

① 如果在编译和链接操作中,找不到"生成"菜单,则只需选中"工具"|"设置"|"专家"

图 0-12 sy1-1.c 运行结果

菜单选项。

②上面为了讲清楚程序的编译、链接和运行过程，分别对每个过程进行了单步操作。但在实际开发过程中，更常使用 Ctrl＋F5 组合键的方式，可以一并完成编译、链接和运行 3 个步骤。

③在程序运行过程中，运行窗口如果出现"一闪而过"现象，可进行下面的设置：在"解决资源管理器"窗口中打开项目（如 sy1-1）右键快捷菜单，选中"属性"项，打开"属性页"对话框进行设置，在"test1 属性页"窗口的左侧选中"配置属性"|"链接器"|"系统"选项，在右侧的"子系统"列表中选中"控制台（/SUBSYSTEM:CONSOLE）"项，单击"确定"按钮完成设置，如图 0-13 所示。

图 0-13 项目属性设置

2）Dev-C++ 集成开发环境的使用

Dev-C++（或者称为 Dev-Cpp）是 Windows 环境下 C/C++ 的集成开发环境（IDE），它是一款自由软件，遵守 GPL 许可协议分发源代码。它集合了 MinGW 中的 GCC 编译器、GDB 调试器和 AStyle 格式整理器等众多自由软件。开发环境包括多页面窗口、工程编辑器以及调试器等，在工程编辑器中集合了编辑器、编译器、连接程序和执行程序，提供高亮度语法的显示，以减少编辑错误，还有完善的调试功能。Bloodshed 公司在 2011 年发布了 Dev-C++ 、v4.9.9.2 后便停止开发。后来，独立开发者 Orwelldevcpp 继续更新开发，2016 年发布了最终版本 Dev-C++、v5.11 之后便停止更新。2020 年后,陆续出现了其他几个分支版本,但都基于此版本。

本书将 Dev-C++ 作为第二个开发环境案例,介绍在 Dev-C++ 下如何开发 C 程序。

(1)创建程序。Dev-C++ 支持单个源文件的编译,如果程序中只有一个源文件,那么不用创建项目,也能编写、调试程序。

第 1 步,启动 Dev-C++ 。安装完成之后,双击 Windows 桌面上的 Dev-C++ 图标,启动 Dev-C++ 开发环境,如图 0-14 所示。

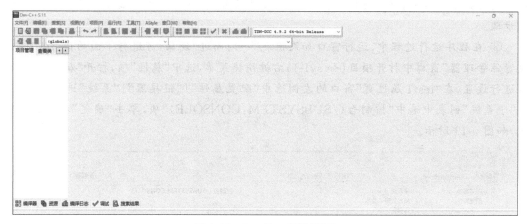

图 0-14　Dev-C++ 初始页面

如果第一次启动 Dev-C++ 时,没有选择语言,系统默认语言为 English。如果不想继续用英文界面,想改为中文界面,可选中 Tools ｜ Environment Options 菜单选项,如图 0-15 所示。

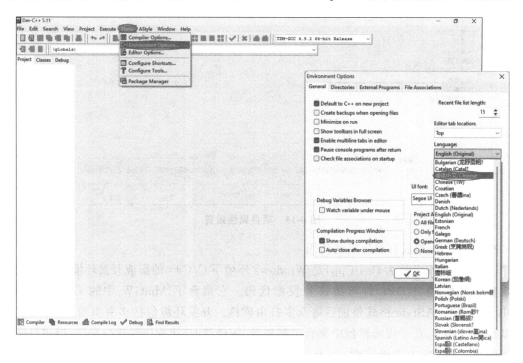

图 0-15　改为中文界面

第2步,创建源文件代码。选中"文件"|"新建"|"源代码"菜单选项,或者按 Ctrl＋N 组合键,新建一个空白的源文件,如图 0-16 所示。

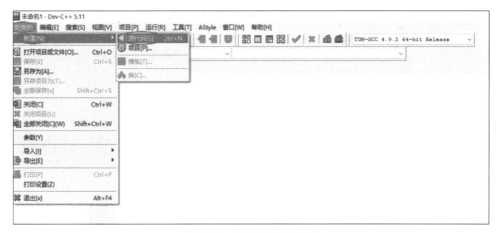

图 0-16　创建源代码文件

第3步,编辑源文件。在空白文件中输入如图 0-17 所示的内容。选中"文件"|"保存"菜单选项或按 Ctrl＋S 组合键,将源文件保存为名为 sy1-1.c 的文件。

图 0-17　编辑界面

注意:Dev C++ 和大部分 IDE 一样,默认创建的是 C++ 文件。若创建 C 源程序,一定要以".c"作为文件的扩展名。

(2)编译与运行。选中"运行"|"编译"菜单选项,或者按 F9 键,就可以完成 sy1-1.c 源文件的编译工作,如果代码没有错误,会在下方的"编译日志"窗口中显示编译结果,如图 0-18 所示。

编译完成后,打开源文件所在的目录,会看到多了一个名为 sy1-1.exe 的文件,这就是最终生成的可执行文件。双击 sy1-1.exe 文件,或者选中"运行"|"运行"菜单选项,即可运行源文件,得到运行结果,如图 0-19 所示。

编译运行也可以合二为一,选中"运行"|"编译运行"菜单选项或者按 F11 键,如果代码没有错误,就会出现运行结果。

注意:如果想创建项目,可以通过"文件"|"新建"|"项目"菜单选项完成。在创建项目时,需要选择项目类型有 Windows Application(Windows 窗口程序)、Console Application(控制台程序)、Static Library(静态链接库)、DLL(动态链接库)、Empty Project(空项目)

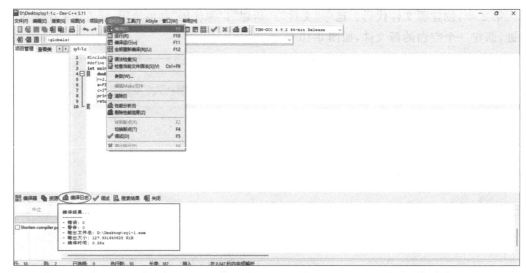

图 0-18 编译界面

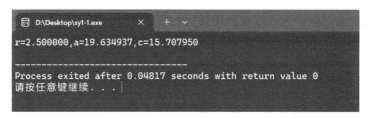

图 0-19 运行结果

等,以及选择 C 项目或者 C++ 项目,如图 0-20 所示。

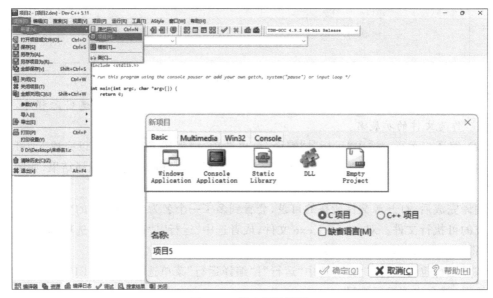

图 0-20 创建项目界面

3) C-Free 集成开发环境的使用

Free 是一款国产的 Windows 系统下的集成开发环境,是一个集源程序编辑、编译、链接、运行与调试于一体的集成开发环境。它提供了对目前业界主流 C/C++ 编译器的支持，包括 MinGW 2.95/3.x/4.x/5.0、Intel C++ Compiler、Microsoft C++ Compiler 等，使用者可以在 C-Free 中轻松切换编译器。目前，C-Free 有两个版本，收费的 C-Free 5.0 专业版和免费的 C-Free 4.0 标准版，专业版可以免费试用 30 天，过期不注册将无法使用。C-Free 整个软件仅 14MB，非常轻巧，安装简单。下面介绍在 C-Free 中如何开发 C 程序。

（1）创建源文件。打开 C-Free，选中"文件"|"新建"菜单选项或按 Ctrl＋N 组合键，新建源文件，然后选中"文件"|"保存"菜单选项或按 Ctrl＋S 组合键，在弹出的对话框中将文件保存为名为 sy1-1.c 的文件，保存类型选择 C 语言文件，如图 0-21 所示。

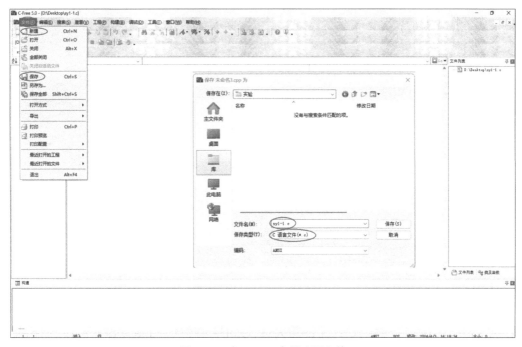

图 0-21　在 C-Free 中新建源文件

（2）编写源代码。新建源文件后，输入如图 0-22 所示内容。

图 0-22　C-Free 中编辑界面

（3）编译与链接。在 C-Free 的工具栏中，有 3 个按钮特别重要，分别为"运行""编译""构建"，如图 0-23 所示。

运行　编译　构建

图 0-23　C-Free 中几个常用菜单选项

代码输入完成后，单击"编译"按钮或者按 F11 键，完成源文件的编译，下方的"构建窗口"中会显示编译信息。如图 0-24 所示。如果编译成功，打开源文件所在目录，会发现新生成了一个文件 sy1-1.o。

图 0-24　编译成功界面

单击"构建"按钮或者按 Ctrl＋F11 组合键，完成了 sy1-1.o 和系统库的链接，打开源文件所在目录，可以看到 sy1-1.exe 文件。至此，C 语言代码转换成了可执行文件。

（4）运行 C 程序。单击"运行"按钮，即可运行源文件，得到运行结果。也可以直接单击"运行"按钮或使用 F5 键，可一次性完成编译、链接和运行的操作，得到运行结果。

2. C 程序错误类型

在调试程序之前，需要了解 C 程序中的常见错误。C 程序错误大体可分为编译错误、链接错误和运行错误。

1）编译错误

在编译阶段，由于违反 C 语言的语法规则被编译器发现的错误就是编译错误。例如，关键字拼写错误、变量名定义错误、标点符号使用不正确、"（"和"）"不匹配、C 语句缺少"；"，字符半全角输入不正确，数据类型、参数类型和个数不匹配等。对于这类错误，编译器一般会明确给出错误信息，包括错误所在代码的行号、错误编号和错误产生的原因等。这时只需要根据编译器给出的出错信息对源程序进行修改。

编译错误可分为 3 类：警告（warning）、一般错误（error）和严重错误（fatal error）。

（1）警告。编译警告不阻止编译继续进行，它表明代码从技术上来说没有违反语法规则,但因它出乎寻常,值得怀疑是一个错误。

(2)一般错误。程序的语法错误等。

(3)严重错误。这种错误很少出现,通常是内部编译错误。

2)链接错误

链接程序在装配目标程序时产生的错误。例如,库函数名书写错误、缺少包含文件或包含文件的路径错误等。

3)运行错误

在程序经过编译、链接之后,虽然可以运行,但在运行过程中也可能出现错误,例如无法停止访问、访问冲突等,这类错误称为运行错误。与编译错误相比,运行错误较难发现和排除,程序员的语言功底和编程经验在排除这类错误时很重要。

程序举例:

```
main()
{
    int i,sum;
    sum=0;
    for (i=1;i<100;)
        sum=sum+i;
    printf("sum=%d\n",sum);
}
```

此程序中,for 循环内没有对循环变量进行更新处理,编译期间不会出现错误,但此时 for 循环无法停止,出现死循环,这个错误就属于运行错误。

运行错误产生的原因有以下几种。

程序设计上的错误,即程序采用的算法本身存在错误,其运行结果与程序员的设想有出入。例如,设置的选择条件不合适、循环次数不当、计算时采用的公式不正确等。

代码实现层面存在错误,如数组越界访问、堆栈溢出等。

程序举例:引用数组元素时下标越界。

```
main()
{
    int a[5]={1,2,3,4,5};
    int i;
    for (i=1;i<=5;i++)
        printf("%d",a[i]);
}
```

程序运行期间,试图执行不可能执行的操作而产生错误,如执行除法操作时除数为 0、无效的输入格式、打开的文件未找到、磁盘空间不足等。

3. 程序调试

1)程序调试概念

程序调试(debug)是将编制的程序投入实际运行前,用手工或编译程序等方法进行测试,修正语法错误和逻辑错误的过程。

程序调试是程序开发过程中不可避免的一部分,即使是经验丰富的程序员也难免会出现错误,尤其是代码规模较大的程序,出错的可能性更大、错误种类也更多。程序调试的目的就是找出程序中的错误并修正它们,以确保程序能够按照预期的方式运行。调试是软件开发和维护中非常频繁的一项任务,是一个程序员最基本的技能,可以说,不会调试的程序员即使学会了一门计算机语言,也不能开发出好的软件。

2)程序调试方法

在C程序开发过程中,程序调试很多时候耗费了比程序设计更多的时间。程序调试需要借助有效的调试工具——调试器。一般情况下,集成开发环境中提供的调试器都具有控制运行节奏和查看运行状态等调试功能,常用的程序调试方法有以下几种。

(1)设置断点。设置断点是较大规模程序调试中常用的技巧。所谓断点是调试器在代码中设置的一个位置。在程序运行过程中,遇到断点,程序中断执行,回到调试器,以便检查程序状态、变量值、函数调用情况等。一个程序可以设置多个断点,程序暂停时,断点所在的代码行尚未执行。

用于程序调试的断点设置有以下3种。

① 位置断点。最常用的断点,通常在源代码的指定行、函数的开始或指定的内存地址处设置。

② 数据断点。通常设置在变量或表达式上,当变量或表达式的值改变时,数据断点将中断程序的执行。

③ 条件断点。条件断点是位置断点的扩展,指给断点的位置设置条件,当条件满足时,断点生效,暂停程序的运行。在调试循环程序时,条件断点非常有用。例如有一个循环1000次的程序,如果每次循环都中断,是令人无法接受的;如果用可能导致程序异常的变量数值、边界数值等对断点设置一定的条件,仅在该条件的值为真时才在指定位置暂停,调试将变得更高效。

(2)单步跟踪。单步跟踪是指程序调试时一步一步地跟踪程序执行的流程,根据变量的值,找到错误的原因。当程序运行到断点的位置就会暂停,此时调试器会提供单步运行并暂停的功能,即单步跟踪。

调试器提供了多种单步跟踪调试程序的方法。

① 单步过程跟踪。通过单步命令,逐条语句执行。当存在函数调用时,子函数会被视为一条语句处理,即不会进入子函数内部,只在该函数外的第一条语句处暂停,直至得到函数调用结果。

② 单步语句跟踪。通过单步命令,逐条语句执行。当存在函数调用时,会进入子函数内部进行跟踪,并在该函数的第一条代码处暂停,在子函数执行完毕后,返回调用函数,继续执行剩余语句。

③ 跳出。如果只想调试函数中一部分代码,调试完想快速跳出该函数,则可以使用“跳出”命令,继续执行代码,直到遇到断点或返回函数调用者时暂停。

④ 运行至光标所在行。将光标定位在某行代码上并调用该命令,程序会执行到断点或当前光标处所在的语句暂停。如果想重点观察某一行代码,但不想从第一行启动,也不想设置断点,则可以选择此方法。

(3)查看运行状态。程序调试过程中最重要的是要观察程序在运行过程中的状态,包括各种变量的值、寄存中的值、内存中的值、堆栈中的值等。调试器中提供了一系列调试窗口,用来显示各种调试信息。通过调试和观察,可以方便地找出程序中的错误。

3)调试实例

下面以 sy1-1.c 程序调试为例,在 Visual C++ 2010 集成开发环境下介绍 C 程序调试指令及使用方法。

(1)进入调试环境。单击菜单栏中的"调试"选项,选择需要的调试方式,如图 0-25 所示。

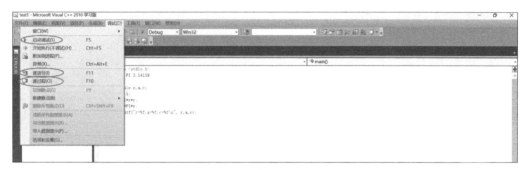

图 0-25 选择调试方式

注意:在默认情况下,Visual C++ 2010 中的程序都是采用调试模式进行编译。单击 Debug 右侧的下三角按钮图标,在弹出的下拉框中有 Debug 和 Release 两个解决方案配置类型选项。Debug 称为调试版本,表示将 Visual C++ 2010 设定为调试程序的工作模式,编译结果通常包含调试信息,不做任何优化,方便用户调试程序,但程序运行速度慢。Release 通常称为发型版本,此模式会在程序编译过程中优化代码大小或速度,不保存调试信息,因此不适合调试程序。

(2)设置断点的方法。

① 使用快捷键。将光标定位到需要设置断点的程序代码行,按 F9 键设置断点。

② 使用菜单。将光标定位到需要设置断点的程序代码行,选中"调试"|"切换断点"菜单选项设置断点。

断点设置成功后,断点所在行的左侧出现一个深红色的实心圆点,如图 0-26 所示。

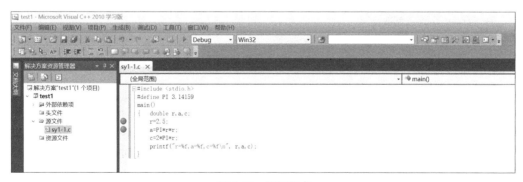

图 0-26 设置断点

③ 设置条件断点。编辑代码的光标定位到需要设置断点的程序代码行,按 F9 键设置断点,然后右击断点所在行的左侧的深红色的实心圆点,在弹出的快捷菜单中选中"条件"选

项,进入条件断点设置界面,如图 0-27 所示。

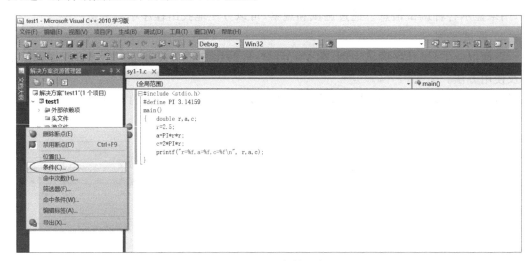

图 0-27　设置条件断点

（3）在调试窗口中观察变量值。选中"调试"|"窗口"菜单选项,打开程序调试的窗口菜单,其中包含多种调试窗口,如图 0-28 所示。

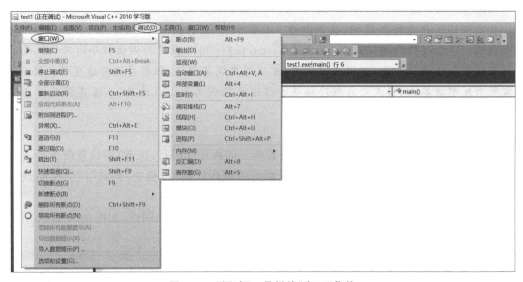

图 0-28　"调试"工具栏的"窗口"菜单

下面介绍常用调试窗口的操作和使用。

① 即时窗口。即时窗口用于帮助用户快速查看或修改某个变量或表达式的值。选中"调试"|"窗口"|"即时"菜单选项,打开"即时窗口"。在"即时窗口"输入变量名或表达式后按 Enter 键,将显示对应变量或表达式值。如图 0-29 所示,在"即时窗口"查看圆半径 r 的值。

② 自动窗口。"自动窗口"显示当前断点周围使用的变量。在调试工具栏上选中"窗口"|"自动窗口"菜单选项,打开"自动窗口"。

③ 局部窗口。"局部窗口"显示在局部范围内定义的变量,通常是当前函数或方法。在

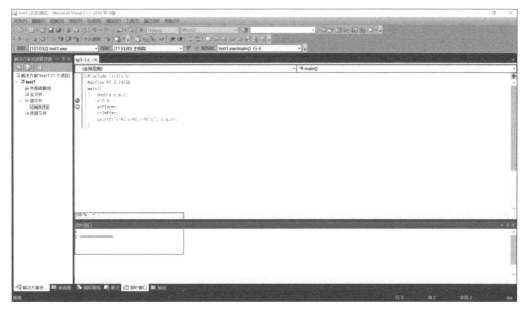

图 0-29　即时窗口

调试工具栏上选中"窗口"|"局部变量"菜单选项,打开"局部窗口"。

④ 监视窗口。"监视窗口"用于监视变量和表达式的值,选中"调试"|"窗口"|"监视"菜单选项,可以打开 4 个"监视窗口"。在"监视窗口"可以添加需要观察的变量,如图 0-30 所示,在"监视 1 窗口"添加圆半径 r 为需要观察的变量。

图 0-30　监视窗口

第二篇

基础实验指导

实验 1　简单的 C 程序设计

1. 知识导学

本实验涉及知识的思维导图如图 1-1 所示。

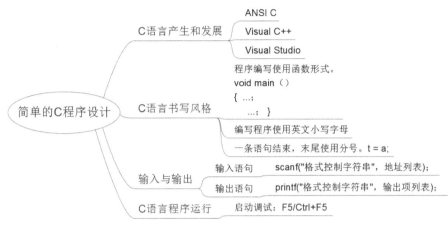

图 1-1　本实验涉及知识的思维导图

【学习思考】

实践的重要性

　　学习程序设计一定要动手编程,看看和想想最终是学不会的。程序设计归根结底是要编写代码,也就是实践。实践不仅是认识世界和理论联系实际的重要方式,也是个人发展和成长的必要环节。学习知识不要仅限于理解,要亲自去实践尝试,对于本门课程而言,动手进行程序编写对于学习 C 程序设计意义重大。在陆游的《冬夜读书示子聿》中有名句"纸上得来终觉浅,绝知此事要躬行。"积土而为山,积水而为海,成功属于勇毅而笃行的人。

2. 常见的编程错误

C 程序设计中常见的编程错误如表 1-1 所示。

表 1-1　C 程序设计中常见的编程错误

示 例 代 码	错 误 分 析	错 误 类 型
文件扩展名错误	创建源文件时没有指定扩展名为.c	创建源文件错误

main 函数缺少"}":
main()
…
或
main()
{
…
	C 语言程序编写使用函数形式,并用"{"和"}"进行界定,"{"和"}"必须成对出现。正确写法如下:
	main()
	{
	…
	}
		编译错误

示 例 代 码	错 误 分 析	错 误 类 型
| ```
main()
{
    printf("你好,中国!")
}
``` | C语言源程序每句代码结束要用";"表示,正确写法如下:<br>```
main()
{
    printf("你好,中国!");
}
``` | 编译错误 |
| ```
float Area, b,c;
area=b*c;
``` | 变量名区分大小写,正确的写法如下:<br>```
float Area, b,c;
Area=b*c;
``` | 编译错误 |
| 在主函数前面缺少
#include <头文件> | 在C语言中,有标准库函数(例如 printf())可以直接使用,这些库函数在头文件中。当程序中用到库函数时需要 include 包含这些库函数的头文件 | 连接错误 |
| ```
printf("Hello,world!\n");
``` | 程序代码中用到的所有字符、符号均为英文半角符号(除了英文双引号包括起来的字符串的内容),正确的写法:<br>```
printf("Hello,world!\n");
``` | 编译错误 |
| ```
printf(Hello,world!\n";
``` | 代码语句中的引号,括号都是成对出现的,尤其是在多重括号时,注意对应。正确的写法:<br>```
printf("Hello,world!\n");
``` | 编译错误 |

3. 能力训练:调试程序

调试程序是指在程序代码编写完成后,检验程序中错误并修正的过程。程序调试过程中的错误类型包括语法错误,逻辑错误,连接错误,运行错误等。简单的程序通过手工调试并测试即可完成,较复杂的程序可能需要专门的编译程序或测试软件来完成。调试程序是编程工作的重要环节,也是一项复杂的系统工程,无论多么资深的程序员也不能保证自己编写的程序一次成功。据统计,程序员30%的时间用于编写程序,70%的时间用于调试程序。

下面的能力训练有助于掌握程序调试的步骤及基本方法。

【训练1-1】 语法错误的修正。

训练内容:熟悉常见语法错误提示信息,并进行修正。语法错误是违法了语言使用规则而产生的错误,例如关键字拼写错误、变量名定义错误、没有正确使用标点符号、结构语句不完整、函数调用缺少参数或参数类型不匹配等。

常见语法错误程序源代码:

```
#include <stdio.h>
main()
{
    int maxValue;
    maxvalue=10;            /*变量区分大小写,maxValue 和 maxvalue 不是同一个变量*/
    a=5;                    /*变量 a 未声明就使用*/
    printf("%d,%d",maxvalue,a)   /*语句结束缺少结束符号";"*/
    system("pause");
}
```

调试时出现错误信息如图 1-2 所示。

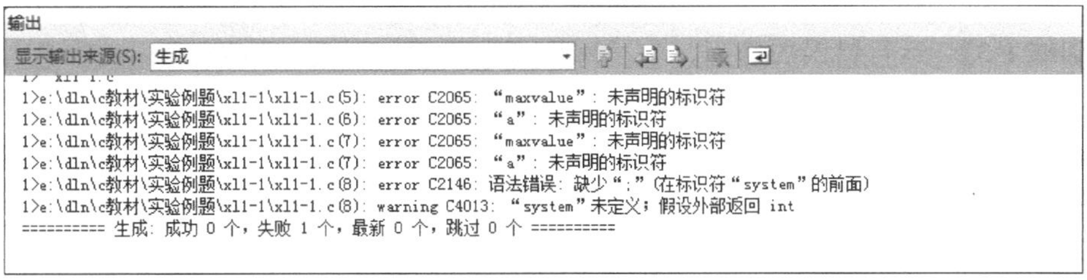

图 1-2 语法错误提示信息

修改源代码中的语法错误,再次调试程序,并记录运行结果。

再次调试运行结果如图 1-3 所示。

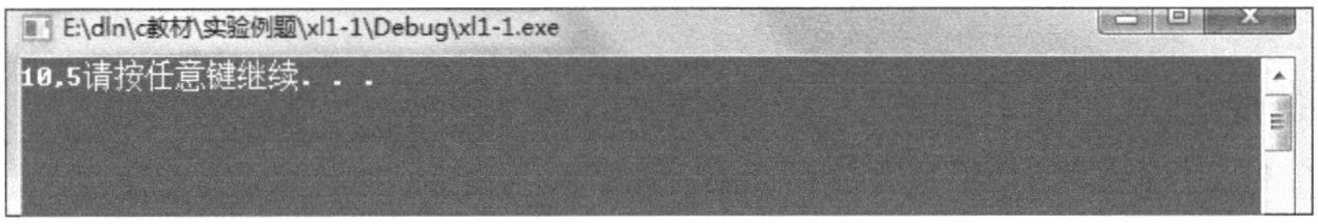

图 1-3 再次调试运行结果

【**训练 1-2**】 连接错误的修正。

训练内容:熟悉常见连接错误提示信息并进行修正。连接错误也称为链接错误,链接程序在装配目标程序时发现的错误。例如,库函数需要旳头文件没有 include、库函数名书写错误、缺少包含文件或包含文件路径错误等。

常见连接错误程序源代码:

```c
#include <stdio.h>
main()
{
    int a;
    printf("请输入 a 的值: ");
    scanf("%d",&a);
    print("a=%d\n",a);        /* printf()函数拼写错误 */
    system("pause");
}
```

调试时出现错误信息如图 1-4 所示。

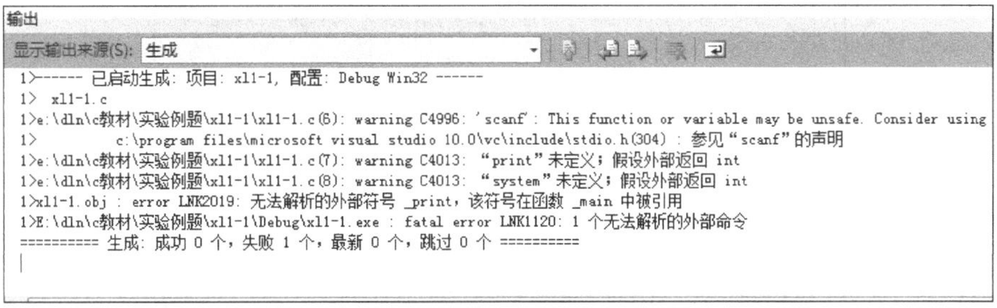

图 1-4 语法错误提示信息

修改源代码中的语法错误,再次调试程序,并记录运行结果。

修改后运行结果如图 1-5 所示。

【训练 1-3】 运行错误的修正。

训练内容:熟悉常见运行错误提示信息并进行修正。运行错误是指程序运行中出现的错误,运行错误包括两种情况:运行错误和逻辑错误。运行错误通常是因应用程序的执行过程中遇到了不可执行的操作而产生的,例如执行除法操作时除数为 0、打开的文件未找到、磁盘空间不足等。逻辑错误是程序设计上的错误,程序员的设想跟预期不一致。例如程序设计算法不合理、选择条件考虑不周到、出现死循环等。

(1) 运行错误程序源代码:

```c
#include <stdio.h>
main()
{
    int a;
    printf("请输入 a 的值: ");
    scanf("%f",&a);                 /*整型变量格式应为%d */
    printf("a=%d\n",a);
    system("pause");
}
```

运行结果如图 1-6 所示。

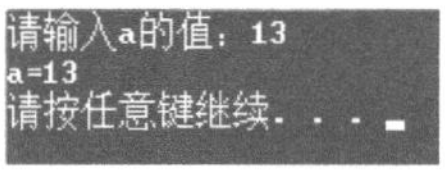

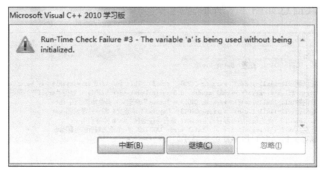

图 1-5　修改后运行结果 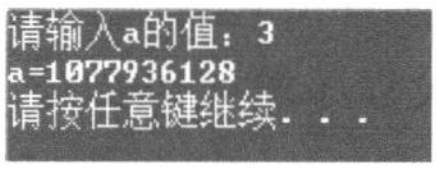　　　图 1-6　训练实例程序运行结果(1)

将训练实例 1-1 中的运行错误源代码:

```c
scanf("%f",&a);                 /*整型变量格式应为%d */
```

改为

```c
scanf("%d",a);                  /*变量 a 前缺少取地址符号 & */
```

程序运行时也会出现运行错误,错误提示如图 1-7 所示。

图 1-7　运行错误提示

（2）运行错误程序源代码：

```
#include <stdio.h>
main()
{
    float a;
    a=1/4;
    printf("a=%f\n",a);
    system("pause");
}
```

运行结果如图 1-8 所示。

该程序调试和运行都没有出现错误。但是程序运行结果是错误的，因为语句

图 1-8　训练实例程序运行结果（2）

```
a=1/4;
```

中两个整数相除的结果为整数，所以 1/4＝0。

4. 实验任务和指导

1）实验目的

（1）掌握并熟悉 C 语言集成开发环境 Visual C++ 2010。

（2）了解 C 程序的基本结构框架。

（3）掌握运行一个简单的 C 程序的步骤。

（4）理解程序调试的基本思想，找出并能改正 C 程序中的语法错误。

2）实验内容

【实验 1-1】　编制程序，在屏幕输出自我介绍。编辑并调试程序，记录运行结果。

实验类型：程序验证（验证型实验）。

程序设计思路：

（1）在 Visual C++ 2010 集成开发环境下，完成新项目的创建、源程序文件的添加、编辑、调试、运行。

（2）运用 printf()完成字符串的输出。

源程序代码如下：

```
#include <stdio.h>                      /* sy1-1.c */
main()
{
    printf(" ****************************************** \n");
    printf("          (^o^)hello,大家好!(^o^)            \n");
    printf(" 我是信息工程学院计算机科学与技术专业的学生 \n");
    printf("              我叫某某某                     \n");
    printf("              很高兴认识大家!                \n");
    printf(" ****************************************** \n");
    system("pause");
}
```

运行结果如图 1-9 所示。

图 1-9 实验 1-1 运行结果

【实验 1-2】 从键盘输入矩形的两条边长 b_1 和 b_2,计算该矩形的面积 Area,并在屏幕上显示计算结果,例如边长 b_1 为 4,b_2 为 6,则输出结果 Area 为 24。试改正程序中的错误,使它能输出正确结果。

注意:错误点在注释行的下一行,不得增加或删除行,也不得更改程序的结构。

实验类型:程序改错(综合型实验)。

程序设计思路:

(1) C 语言源程序代码语句结束必须用";"(半角符号)表示。

(2) C 语言中定义的变量名区分大小写,前后要保持一致。

源程序代码如下:

```c
#include <stdio.h>                                    /* sy1-2.c */
main()
{
    float Area,b1,b2;
    scanf("%f%f",&b1,&b2);
    / **************** found【1】 ****************/
    area=b1*b2;
    / **************** found【2】 ****************/
    printf("a=%.2f, b=%.2f,s=%.2f\n", b1,b2, Area);
    system("pause");
}
```

运行结果如图 1-10 所示。

图 1-10 实验 1-2 运行结果

【实验 1-3】 通过用 scanf() 函数从键盘接收一个字母,用 printf() 函数显示其字符和 ASCII 码十进制代码值。在程序的下画线处填入正确的内容,并把下画线删除,使程序输出正确的结果。

注意:不得增加行或删除行,也不得更改程序的结构。

实验类型:程序填空(综合型实验)。

程序设计思路:

(1) 用 scanf() 函数接收从键盘输入的字母,需要声明存储变量为字符型变量。

(2) 用 printf() 函数输出该字母的字符型和十进制数值型数据。

源程序代码如下:

```c
#include <stdio.h>                                    /* sy1-3.c */
main()
```

```
{
    【1】
    printf("input a letter : ") ;
    scanf("%c", &ch);
    printf( 【2】 );
    system("pause");
}
```

运行结果如图 1-11 所示。

【**实验 1-4**】 计算圆的周长和面积。给定圆的半径,计算并在屏幕上输出圆的周长和面积。编辑并调试程序,记录运行结果。

实验类型:程序设计(综合型实验)。

程序设计思路:

(1)圆的面积计算公式:$a = \pi r^2$。

(2)圆的周长计算公式:$s = 2\pi r$。

源程序代码如下:

```
#include <stdio.h>                              /* sy1-4.c */
#define PI 3.14159
main()
{
    double r,a,c;
    r=10;
    a=PI * r * r;
    c=2 * PI * r;
    printf("r=%f,a=%f,c=%f\n",r,a,c);
    system("pause");
}
```

运行结果如图 1-12 所示。

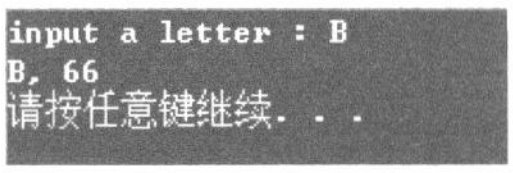

```
input a letter : B
B, 66
请按任意键继续. . .
```

图 1-11　实验 1-3 运行结果

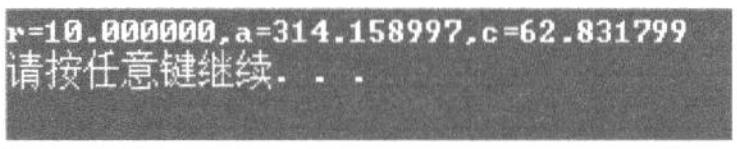

```
r=10.000000,a=314.158997,c=62.831799
请按任意键继续. . .
```

图 1-12　实验 1-4 运行结果

实验 2　数据运算和输入输出

1. 知识导学

本实验涉及知识的思维导图如图 2-1 所示。

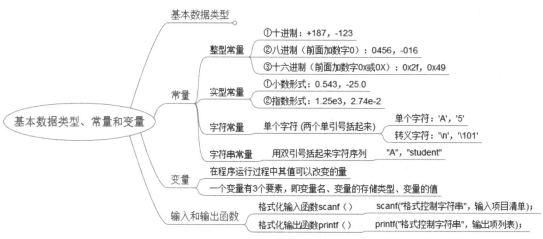

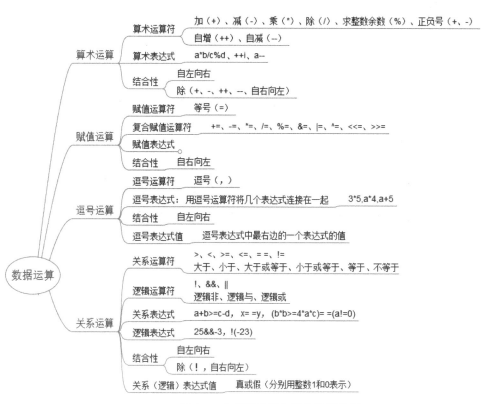

图 2-1　本实验涉及知识的思维导图

图 2-1 （续）

【学习思考】

程序设计的本质

程序设计是给出解决特定问题程序的过程,是软件构造活动中的重要组成部分。其本质就是运用计算机来解决现实世界的特定问题,也是人类认识世界和改造世界的重要方式之一。大规模的程序设计提供丰富的功能解决复杂的计算问题,例如控制中国航天载人飞船神舟十七号登月的程序。小规模的程序设计解决较为简单的计算问题,例如超市购物的结算系统。无论程序的规模有多大,每个程序都具有统一的运算模式:数据输入、数据处理和数据输出。通常把这种运算模式的编程方法称为 IPO(Input Process Output)方法。因此在程序设计中正确地输入预处理数据,准确合理的输出结果是程序设计的基础,数据处理中的数据运算是解决问题的关键。

2. 常见的编程错误

数据运算和输入输出时常见的编程错误如表 2-1 所示。

表 2-1　数据运算和输入输出时常见的编程错误

示 例 代 码	错 误 分 析	错 误 类 型
在程序中用到的变量名没有声明,程序编译时会提示:"未找到变量!"	在程序中用到的变量名没有定义,C 语言要求:变量先声明,后使用	编译错误
S=π * r * r;	表达式中使用了非法的标识字符 π	编译错误
int s&t; char 3c,book-1;	变量名 s&t,3c,book-1 均为非法变量名。 C 语言规定:变量名只能由字母、数字和下画线组成,且第一个字符必须是字母或下画线,同时还需要避开C 语言规定的关键字(保留字)和特定字。例如 int、char、if、break 等	编译错误
float Area, b,c; area=b * c;	变量名区分大小写,正确的写法是 float Area, b,c; Area=b * c;	编译错误
float (a/2);	强制转换表达式的类型,类型名用"("和")"括起来。 正确的写法是 (float) a/2;	编译错误
a=1/2;	整数相除结果还是整数,1/2＝0,正确写法是 a=(float)1/2;	逻辑错误

示 例 代 码	错 误 分 析	错 误 类 型
(a+b)++;	表达式不能使用++、--	编译错误
scanf("%d%d",&a,&b);输入数据时,输入"2,3"	scanf()中格式控制字符串"%d%d"中间没有分隔符",",而在用户输入数据时2,3之间输入了",",格式不一样。正确的输入是:2和3之间用空格分隔	运行错误
scanf("%d\n",&a);	"()"中的格式控制字符串中不能使用转义字符"\n"	运行错误
printf("hello! "); Print("hello! ");	将 printf()误写成 Printf()或 print()。C 语言在编译时不能识别函数名错误,只有在连接时才能寻找库函数并发现函数错误。正确的写法是 printf("hello! ");	连接错误

printf("a=%d,a);
scanf(%d",&a);
printf("a=%d, "a);
scanf("%d, "&a);
	printf()和 scanf()函数中的格式控制字符串加"",分隔格式字符串和表达式的","写在""后面。正确的写法是
	printf("a=%d",a);
	scanf("%d",&a);
		编译错误

3. 能力训练:正确输入输出

程序设计的目的是通过计算机自动执行解决某个特定的问题。无论程序设计的规模有多大,每个程序都具有统一的运算模式:数据输入、数据处理和数据输出。数据输入是程序的开始,程序设计首先输入需要处理的数据。数据输入的方式包括键盘输入、文件输入、网络输入、交互界面输入、控制台输入等。数据输出是展示数据处理后的结果。数据输出的方式包括屏幕输出、文件输出、图形输出、控制台输出等。数据的正确输入输出是解决问题的重要依据,下面的训练有助于掌握正确的输入输出方法。

【训练 2-1】 以正确的格式输入数据。

训练内容:用 scanf() 函数输入数据,掌握不同输入格式的数据输入要求。

编写程序,完成数据的输入,具体要求如下:

(1)编辑并调试程序,记录运行结果。

```
#include <stdio.h>
main()
{
    int a,b;
    scanf("%d%d",&a,&b);
    printf("a=%d,b=%d\n",a,b);
    system("pause");
}
```

运行结果如图 2-2 所示。

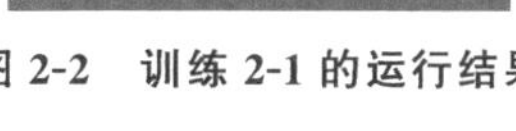

(2)将上面的代码中

```
scanf("%d%d",&a,&b);
```

改为

图 2-2 训练 2-1 的运行结果

```
scanf("%d,%d",&a,&b);
```

记录输入数据格式变化。运行结果如图 2-3 所示。

（3）输入不正确的数据"3.6,6"，观察运行结果。变量 a、b 定义为 int 型数据，在输入中 a 的值输入了 3.6，scanf() 语句读入时只读入了整数部分 3，后面的小数点被视为非法字符 而导致输入结束，变量 b 被赋予了随机值。运行结果如图 2-4 所示。

（4）输入不正确的数据"a,b"，观察运行结果。变量 a、b 定义为 int 型数据，输入的数据 为字符型，scanf() 没有读到合法数据，变量 a、b 被赋予随机值。运行结果如图 2-5 所示。

图 2-3　修改后运行结果　　　图 2-4　调整输入后运行结果　　　图 2-5　调试运行结果

【训练 2-2】　输出符合要求的数据。

训练内容：用 printf() 函数输出符合要求的数据，掌握不同数据类型输出格式的使用 方法。

编写程序，完成数据的输出，具体要求如下。

（1）编辑并调试程序，记录运行结果。

```
#include <stdio.h>
main()
{
    float a,b;
    scanf("%f%f",&a,&b);
    printf("float 型数据的打印结果：\n");
    printf("a=%f\t b=%f\n",a,b);
    system("pause");
}
```

运行结果如图 2-6 所示。

（2）将上面的代码中

```
printf("a=%f\t b=%f\n",a,b);
```

改为

```
printf("a=%10.3f\t b=%.3f\n",a,b);
```

并记录输出数据格式变化。修改后的运行结果如图 2-7 所示。

图 2-6　训练 2-2 的运行结果　　　图 2-7　修改后运行结果

【训练 2-3】　输入输出数据格式不一致的情况处理。

训练内容：变量定义数据类型与输入输出数据格式不一致时,如何避免错误,并按要求使用数据格式。

（1）若程序中定义的变量类型为 float 型,则数据的输入输出格式是％f,若 scanf() 函数中的格式误用为％d,则运行结果如何?

（2）将训练 2-2 中的代码

```
scanf("%f%f",&a,&b);
```

改为

```
scanf("%d%d",&a,&b);
```

输入不同的数据观察输出数据变化。

（3）若程序中定义的变量类型为 float 型,则数据的输入输出格式是％f,若在 printf() 函数中的格式误用为％d,则运行结果如何?

（4）将训练 2-2 中的代码

```
printf("a=%f\t b=%f\n",a,b);
```

改为

```
printf("a=%d\t b=%d\n",a,b);
```

输入不同的数据观察输出数据变化。

使用 getchar() 函数获得单个字符数据,并通过 printf() 函数中的格式控制符输出不同类型的数据。编辑并调试程序,记录运行结果,保存文件名为 xl2-3.c。

程序源代码如下：

```
#include <stdio.h>                //xl2-3.c
main()
{
    char a;
    int b=20;
    a=getchar();
    printf("a=%c;b=%d\n",a,b);    /*输出 a 和 b 的值*/
    printf("a=%d;b=%c\n",a,b+64); /*输出 a 对应的十进制数据和顺序位为 b 的大写字母*/
    printf("a=%o;b=%o\n",a,b);    /*输出 a 和 b 的八进制数据*/
    printf("a=%x;b=%x\n",a,b);    /*输出 a 和 b 的十六进制数据*/
    system("pause");
}
```

运行结果如图 2-8 所示。

图 2-8 训练 2-3 的运行结果

【训练 2-4】 拓展训练。

训练内容：文本文件的使用。

将古诗《锄禾》的内容输出到屏幕的同时,输出到文件"锄禾.txt"。编辑并调试程序,记录运行结果,保存文件名为 xl2-4.c。

```
#include<stdio.h>                                    //xl2-4.c
main()
{
    FILE * fa;
    fa=fopen("锄禾.txt","w");                         /* 以写的方式打开文件锄禾.txt */
    printf("锄禾日当午,\n汗滴禾下土。\n谁知盘中餐,\n粒粒皆辛苦。\n");
    fprintf(fa,"锄禾日当午,\n汗滴禾下土。\n谁知盘中餐,\n粒粒皆辛苦。\n");
    fclose(fa);
    system("pause");
}
```

运行结果如图 2-9 所示。

将文件"锄禾.txt"输出到默认文件路径(与源文件相同的文件夹下),如图 2-10 所示。

图 2-9　训练 2-4 的运行结果　　　　　　　　图 2-10　输出文件

4. 实验任务和指导

1）实验目的

(1) 掌握 C 语言的基本数据类型及表示方法。

(2) 掌握 C 语言变量定义及其初始化。

(3) 掌握各种运算符及表达式的运算规则、书写方法和求值规则。

(4) 熟练掌握算术表达式中不同类型数据之间的转换和运算规则。

(5) 熟悉并掌握不同类型数据的输入和输出方法。

2）实验内容

【实验 2-1】　编辑、调试并运行下面的程序,分析运行结果。

实验类型:程序验证(验证型实验)。

程序设计思路:

(1) C 语言中,把运算符和操作数连接起来形成符合语法规则的表达式,表达式的运算顺序和结合规则按照运算符的优先级别进行,"()"最优先,在无法确定优先级别时可使用"()"。

(2) ++a 与 a++ 的区别是,++a 先执行 a 加 1,再执行其他运算;a++ 先执行其他运算,再执行 a 加 1。

(3) 在同一表达式中,有多个赋值符号"="的情况下,赋值顺序为自右向左。

程序源代码如下:

```
#include <stdio.h>                                   /* sy2-1.c */
main()
{
```

```
int a=3,b=5,c=7,d;
d=(a*8+4)/((b-3)*c);
printf("d=%d\n",d);
printf("a=%d\n",++a);
printf("a=%d\n",a++);
printf("a=%d\n",a+=a++);
b+=b-=b*b;
printf("b=%d\n",b);
c++;
c+=c-=c-c;
printf("c=%d\n",c++);
system("pause");
}
```

运行结果如图 2-11 所示。

图 2-11 实验 2-1 的运行结果

【**实验 2-2**】 从键盘输入任意两个字母 c1 和 c2,并在屏幕上输出 c1 的字符和 c2 的十进制数值,输出 c1 的八进制数值和 c2 的十六进制数值。试改正程序中的错误,使它能输出正确结果。

注意:错误点在注释行的下一行,不得增加或删除行,也不得更改程序的结构。

实验类型:程序改错(综合型实验)。

程序设计思路:

(1) 在程序编辑中注意文件名、关键字、变量名等出现拼写错误。

(2) 在 C 语言中使用的变量需要先进行变量类型声明,充分考虑程序中变量是否符合程序需求,是否满足变量空间需求,否则程序编译过程中会出现错误,数据溢出等情况。

(3) printf()函数输出数据类型控制字符如表 2-2 所示。

表 2-2 printf()函数输出数据类型控制字符

%d	以有符号十进制输出整数型	%o	以有符号八进制输出整数型
%x	以有符号十六进制输出整数型	%f	以小数形式输出实数型
%c	输出一个字符	%s	输出字符串

源程序代码如下:

```
/* * * * * * * * * * * * * * * found * * * * * * * * * * * * * * * * * */
#include <stdoi.h>                    /* sy2-2.c */
main()
{
    /*************** found【1】*************** */
    int c1,c2;
    printf("输入两个字母:");
    scanf("%c,%c",&c1,&c2);
```

```
    printf("c1=%c;c2=%d\n",c1,c2);    /* 输出 c1 的字符和 c2 的十进制数值 */
    /*************** found【2】*************** /
    printf("c1=%d;c2=%d\n",c1,c2);    /* 输出 c1 的八进制数值和 c2 的十六进制数值 */
    system("pause");
}
```

运行结果如图 2-12 所示。

【**实验 2-3**】 程序的功能是输入三角形的 3 条边 a、b、c（假设三条边满足构成三角形的条件），计算并输出该三角形的面积 S。

图 2-12 实验 2-2 运行结果

在程序的下画线处填上正确的内容，并把下画线删除，使程序输出正确的结果。

注意：不得增加或删除行，也不得更改程序的结构。

实验类型：程序填空（综合型实验）。

程序设计思路：

（1）计算三角形面积 S 的公式如下：

$$p=(a+b+c)/2, \quad S=\sqrt{p(p-a)(p-b)(p-c)}$$

（2）用 scanf()函数完成三角形 3 条边的输入，用 printf()函数输出三角形面积的计算结果。

（3）计算三角形面积的算术表达式要使用 sqrt()函数，该函数包含在头文件 math.h 中，在 main()函数前，写入＃include＜math.h＞。

源程序代码如下：

```
#include <stdio.h>                        /* sy2-3.c */
#include <math.h>
main()
{   float a,b,c,p,S;
    scanf("%f,%f,%f",&a,&b,&c);
    p=(a+b+c)/2;
        【1】
    printf("Three edges are:%.2f,%.2f,%.2f\n",a,b,c);
        【2】
system("pause");
}
```

运行结果如图 2-13 所示。

图 2-13 实验 2-3 的运行结果

【**实验 2-4**】 编写程序，将一个 4 位的正整数 n（例如 8352）拆分为两个两位正整数 a 和 b（例如 83 和 52），计算并输出拆分后的两个数 a 和 b 的加、减、乘、除、求余的结果。要求除法运算结果保留小数点后两位小数。

例如：

```
input n:8352                                     /*测试 1*/
a=83,b=52
a+b=135
```

```
a-b=31
a*b=4316
a/b=1.60
a%b=31

input n:2538                                          /* 测试2 */
a=25,b=38
a+b=63
a-b=-13
a*b=950
a/b=0.66
a%b=25
```

实验类型：经典算法探究(综合型实验)。

程序设计思路：

(1) 用 scanf()从键盘输入一个 4 位的正整数，用 printf() 输出拆分后的两个数的和、差、积、商和求余的结果。

(2) 数位拆分可运用数学运算符的整除和求余运算。

(3) 程序用到的算术运算符"＋""－""＊""/""％"都是英文符号。

程序源代码如下：

```
#include <stdio.h>                                    /* sy3-4.c */
main()
{
    int n,a,b;
    printf("输入 4 位正整数:");
    scanf("%d",&n);
    a=n/100;
    b=n%100;
    printf("a=%d,b=%d\n",a,b);
    printf("a+b=%d\n",a+b);
    printf("a-b=%d\n",a-b);
    printf("a*b=%d\n",a*b);
    printf("a/b=%.2f\n",(float)(a)/(float)(b));
    printf("a%%b=%d\n",a%b);
    system("pause");
}
```

运行结果如图 2-14 所示。

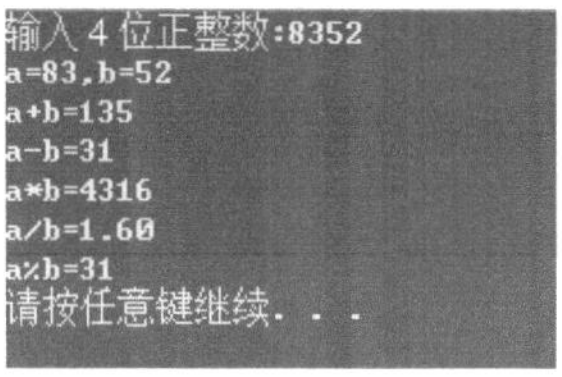

图 2-14 实验 2-4 的运行结果

实验3 选择结构程序设计

1. 知识导学

本实验涉及知识的思维导图如图 3-1 所示。

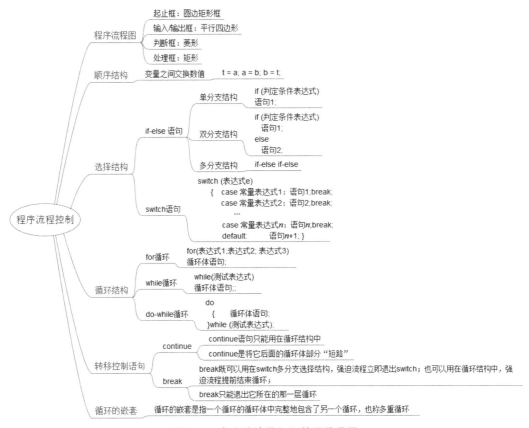

图 3-1 本实验涉及知识的思维导图

2. 常见的编程错误

选择结构程序设计时常见的编程错误如表 3-1 所示。

表 3-1 选择结构程序设计时常见的编程错误

示 例 代 码	错 误 分 析	错 误 类 型

`if (a<b);`
`min=a;`
	紧跟着 if 的条件表达式的"( )"之后写了一个";",此时若 a<b 成立,则执行空语句";"正确写法是
	`if (a<b)`
	　　`min=a;`
		运行错误

示 例 代 码	错 误 分 析	错 误 类 型

`if (a<b)`
`    min=a;`
`printf("min=%d\n",a);`
	由于 if 后面只允许有一条语句,此时若 a<b 不成立,仅跳过语句 min=a,语句
	`printf("min=%d\n",a)`
	仍会执行,出现错误。因此,if 后面需要多条语句时,必须将需要执行的多条语句用"{}"括起来正确写法是
	`if (a<b)`
	`{`
	`    min=a;`
	`    printf("min=%d\n",a);`
	`}`
		运行错误

`if (a=b)` `    printf("a=b\n");`	if 语句中的条件表示式只能是关系表示式或逻辑表示式,而 a=b 是赋值表示式,表示相等条件时,应该使用关系表示式 a==b	运行错误

`float a=1.0;`
`scanf("%f", &a);`
`switch (a)`
`{`
`    case 1: printf("hi\n");`
`    break;`
`}`
	switch 后面"()"里的表达式的只能是整型表达式,而 a 是浮点型,所以出现错误	编译错误

`int a=0;`
`scanf("%f", &a);`
`switch (a)`
`{`
`    case 1.0: printf("hi\n");`
`    break;`
`}`
	case 后面的表达式只能为整型的常量表达式,而 1.0 是浮点型,所以出现错误	编译错误

`switch (a)`
`{`
`    case 1: printf("hi\n");`
`    break;`
`    case 1: printf("Hi\n");`
`    break;`
`}`
	任意两个 case 语句都不能使用相同的常量值,而两个 case 后面都使用了 1。正确写法是
	`switch (a)`
	`{`
	`    case 1: printf("hi\n");`
	`    break;`
	`    case 2: printf("Hi\n");`
	`    break;`
	`}`
		编译错误

`switch (a)`
`{`
`    case1: printf("hi\n");`
`    break;`
`    case 2: printf("Hi\n");`
`    break;`
`}`
	case 和其后的常量表达式之间应该有一个空格,而 case1 中的 case 与 1 之间没有空格。正确写法是
	`switch (a)`
	`{`
	`    case 1: printf("hi\n");`
	`    break;`
	`    case 2: printf("Hi\n");`
	`    break;`
	`}`
		编译错误

示 例 代 码	错 误 分 析	错 误 类 型
| ```
switch (a)
{
    case 1:
    case 2: printf("hi\n");
    case 3: printf("Hi\n");
}
``` | 当 a 的值为 2 时,仅希望输出"hi",此时需要在语句<br>case 2: printf("hi\n");<br>后增加语句<br>break; | 编译错误 |

【学习思考】

科学辩证认清问题本质

C 语言可以使用 if 语句实现选择分支结构,也可以用 switch 与 if 语句的嵌套来实现多分支结构,这就犹如人生之路会面临众多选择,如何做出正确的选择呢? 首先要认清问题的本质,同时要勇敢地面对问题,然后选择合适的方式解决它。当然面对原则性问题要懂得取舍,特别当某一时刻面临个人利益与集体利益乃至国家利益相冲突时,要勇于挑战自我,以集体利益、国家利益为重,做出正确的选择,维护国家利益是每个中国公民的义务。

3. 能力训练:设计测试用例

【训练3】 学会设计测试用例。

训练内容:程序测试(program testing)是指对一个完成了全部或部分功能、模块的计算机程序在正式使用前的检测,以确保该程序能按预定的方式正确地运行。测试用例是为测试某个目标而编制的一组测试数据以及预期结果。一个好的测试用例是极有可能发现尚未发现的错误的测试用例。

建立 0~100 这 101 个整数与英文字母的对应关系,映射规则为,将整数被 10 整除的结果与英文字母对应,0 对应 zero,1 对应 one,…,9 对应 nine。

源程序代码如下:

```
#include <stdio.h>
main()
{
    int x,mark;
    printf("请输入数字: ");
    scanf("%d",&x);
    mark=x/10;
    switch(mark)
    {
        case 0:printf("zero\n");break;
        case 1:printf("one\n");break;
        case 2:printf("two\n");break;
        case 3:printf("three\n");break;
        case 4:printf("four\n");break;
        case 5:printf("five\n");break;
        case 6:printf("six\n");break;
```
```

```
        case 7:printf("seven\n");break;
        case 8:printf("eight\n");break;
        case 9:printf("nine\n");break;
        case 10:printf("ten\n");break;
        default:printf("error!\n");
    }
}
```

程序测试结果如图 3-2 所示。

这些测试数据显然已经覆盖了程序中的所有分支,但是仍不充分,因为遗漏了边界条件的测试。例如:当输入数据为 $101\sim109$、$-1\sim-9$ 的整数时,测试结果如图 3-3 所示。

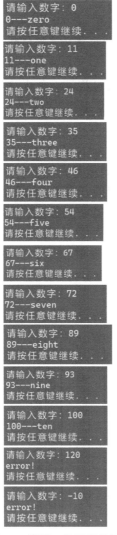

图 3-2　训练 3 的运行结果 1　　　　图 3-3　训练 3 的运行结果 2

这两个结果显然不对,这是因为计算 mark 时,$104/10=10$,$-4/10=0$,所以产生错误。因此在进行程序测试时,不仅要选用合理的输入数据,还要选用不合理以及某些特殊的输入数据进行测试。

4. 实验任务和指导

1) 实验目的

(1) 掌握测试表达式的书写。

(2) 掌握 if 语句、if…else 语句,if 语句的嵌套使用。

(3) 掌握 switch 语句构成的选择结构及使用。

(4) 熟练掌握选择结构程序设计方法,学会使用选择结构编写简单的 C 程序。

2) 实验内容

【实验 3-1】 已知某人的身高为 h(单位:m),体重为 w(单位:kg),则身体质量指数(BMI)为 $t = w/h^2$。BMI 中国标准如下:

当 $t < 18.5$ 时,属于偏瘦;

当 $18.5 \leqslant t < 24$ 时,属于正常体重;

当 $24 \leqslant t < 28$ 时,属于超重;

当 $t \geqslant 28$ 时,属于肥胖。

要求从键盘上输入身高和体重,将身高和体重输出在屏幕上,并输出你的 BMI 值,结果保留两位小数,同时输出你属于何种类型。程序运行正确结果如图 3-4 所示,程序中存在两处错误。改正程序中的错误,并运行出正确结果。

注意:错误点在注释行的下一行,不得增加或删除行,也不得更改程序的结构。

实验类型:程序改错(综合性实验)。

程序设计思路:

(1) 根据 BMI 值判断属于何种类型,首先要输入正确的身高、体重值,计算出相应的 BMI 值,然后利用 if…else if…else 结构实现连续判断多个条件,可以将条件按从小到大顺序依次列出。

(2) 对于条件的表达,注意正确使用逻辑运算符和关系运算符构成正确的测试表达式。

源程序代码如下:

```
#include <stdio.h>                              //sy3-1.c
main()
{
    float h,w t;
    printf("请输入身高,体重:");
    scanf("%f%f", &h, &w);
    t=w/(h * h);
/ ************************** found【1】 ***************************** /
if (t>18.5)
    printf("t=%.2f\n 偏瘦!\n",t);
/ ************************** found【2】 ***************************** /
else if (t>=18.5||t<24)
    printf("t=%.2f\n 正常体重!\n",t);
else if (t>=24&&t<28)
    printf("t=%.2f\n 超重!\n",t);
else if (t>=28)
```

```
        printf("t=%.2f\n肥胖!\n",t);
    }
```

实验结果如图 3-4 所示。

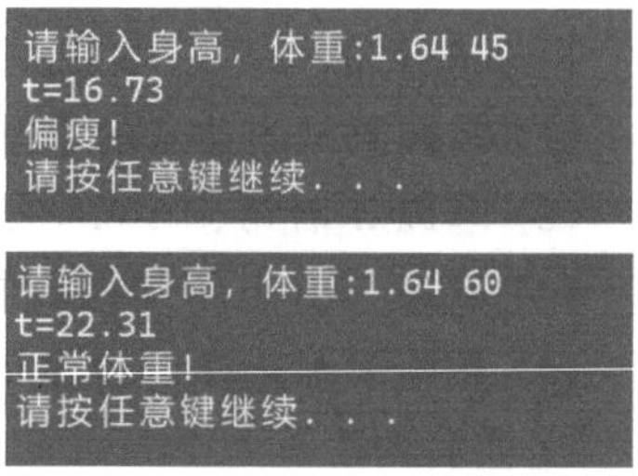

【实验 3-2】 编写程序,输入一个不大于 3 位的正整数,要求显示出它是几位数,分别打印出每位数字,并逆序打印出每位数字。例如,输入数据为 123,则输出为

n=3

123

321

请输入身高,体重:1.64 45
t=16.73
偏瘦!
请按任意键继续...

请输入身高,体重:1.64 60
t=22.31
正常体重!
请按任意键继续...

图 3-4　实验 3-1 的实验结果

注意:不得增加或删除行,也不得更改程序的结构。

实验类型:程序填空(综合性实验)。

程序设计思路:

(1)需要依次解决 3 个问题:判断输入的整数是几位数;分离出输入数字的每一位数;依次正序和反序输出各位数字。

(2)判断输入的整数是几位数可以用 if…else if…else 多重选择结构实现,若 $x \geqslant 100$,则 x 是三位数,即 n 为 3;否则,再继续判断是两位数或一位数。

(3)根据 n 位数,用 switch 语句和表达式 $x/1\%10$、$x/10\%10$、$x/100\%10$ 得到数 x 的每一位数。

源程序代码如下:

```
#include <stdio.h>                          /* sy3-2.c */
main()
{
    int c1,c2,c3,n;
    long int x;
    c1=c2=c3=0;
    printf("请输入一个不大于 3 位的正整数:");
    scanf("%ld",&x);
    if (x>=100)
    n=3;
        else if (x>=10)
    n=2;
    else
    n=1;
    【1】
        {
            case 3:
            {
                c3=  【2】
                c2=x/10%10;
                c1=x/100%10;
                printf("n=%d\n",n);
                printf("%d%d%d\n",c1,c2,c3);
                printf("%d%d%d\n",c3,c2,c1);
```

· 44 ·

```
                break;
            }
            case 2:
            {
                c2=x/1%10;
                c1=x/10%10;
                printf("n=%d\n",n);
                printf("%d%d\n",c1,c2);
                printf("%d%d\n",c2,c1);
                break;
            }
            case 1:
            {
                c1=x/1%10;
                printf("n=%d\n",n);
                printf("%d\n",c1);
                printf("%d\n",c1);
                break;
            }
        }
    }
```

实验结果如图 3-5 所示。

【**实验 3-3**】 编写程序，输入一个日期，格式为yyyy/mm/dd，输出一个整数，表示该日期是当年的第几天。例如：输入"2000/03/01"，输出 61。

注意：不得增加或删除行，也不得更改程序的结构。

实验类型：程序编写（综合性实验）。

程序设计思路：

（1）一年中，1 月、3 月、5 月、7 月、8 月、10 月和 12 月有 31 天，4 月、6 月、9 月和 11 月有 30 天，非闰年的 2 月是 28 天，闰年的 2 月是 29 天。

（2）判断闰年的条件是，能被 4 整除但不能被 100 整除的年是闰年，能被 400 整除的年也是闰年。

（3）用 switch 实现非闰年的天数的累加，再判断输入日期的所在年是否为闰年，如果是闰年并且月份大于 2，则天数再加 1。

源程序代码如下：

```
#include <stdio.h>                      /* sy3-3.c */
main()
{                                       /* 补全代码 */



}
```

图 3-5 实验 3-2 的实验结果

请输入一个不大于3位的正整数:123
n=3
123
321
请按任意键继续. . .

请输入一个不大于3位的正整数:12
n=2
12
21
请按任意键继续. . .

实验结果如图 3-6 所示。

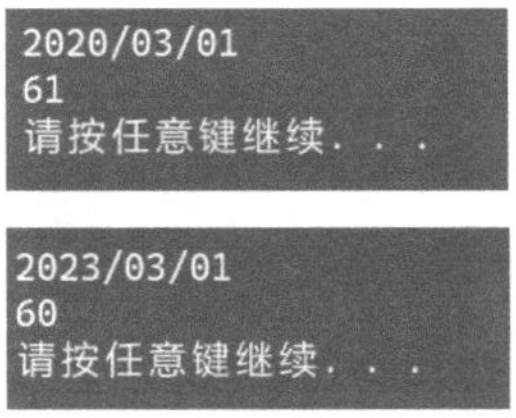

```
2020/03/01
61
请按任意键继续...
```

```
2023/03/01
60
请按任意键继续...
```

图 3-6　实验 3-3 的实验结果

【**实验 3-4**】　根据输入的三角形的 3 条边 a、b、c，判断是否可以构成三角形，若可以则输出它的面积以及三角形类型(等边三角形、等腰三角形、直角三角形和一般三角形)。

实验类型：经典算法探究(综合型实验)。

程序设计思路：

(1) 判断三角形成立的条件是任意两边之和大于第三边。

(2) 若三条边 a、b、c 的值可以构成一个三角形，则由表达式 $s=(a+b+c)/2$，$area=sqrt(s*(s-a)*(s-b)*(s-c))$ 求出三角形的面积 area，并根据等边三角形、等腰三角形和直角三角形的特征判断属于哪种三角形类型，否则就是一般三角形。

源程序代码如下：

```c
#include <stdio.h>                               /* sy3-4.c */
#include <math.h>
main()
{
    float a,b,c;
    float s,area;
    printf("请输入三角形的三条边：");
    scanf("%f%f%f", &a, &b, &c);
    if (a+b>c && a+c>b && b+c>a)
    {
        s=(a+b+c)/2;
        area=sqrt(s * (s-a) * (s-b) * (s-c));
        printf("面积=%.2f\n",area);
        if (a==b&&b==c)
            printf("等边三角形\n");
        else if ((a==b||b==c||a==c))
            printf("等腰三角形\n");
        else if (a * a+b * b==c * c||a * a+c * c==b * b||b * b+c * c==a * a)
            printf("直角三角形\n");
        else
            printf("一般三角形\n");
    }
    else
        printf("不能构成三角形。\n");
}
```

实验结果如图 3-7 所示。

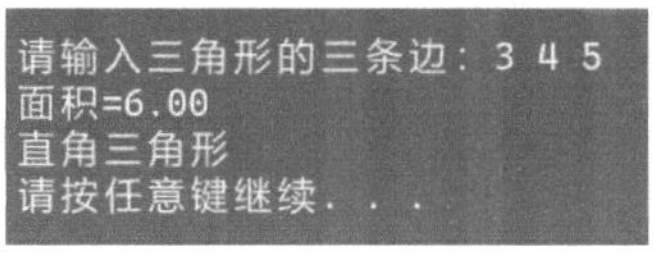

经典算法延伸：如果输入的三角形的 3 条边恰好组成等腰直角三角形，程序输出的类型会受到分支结构设定顺序的影响，如何调整程序，保证输出的准确性，即增加一个特殊类型——等腰直角三角形。

```
请输入三角形的三条边：3 4 5
面积=6.00
直角三角形
请按任意键继续...
```

图 3-7　实验 3-4 的运行结果

实验 4　循环结构程序设计

1. 知识导学

本实验涉及知识的思维导图如图 4-1 所示。

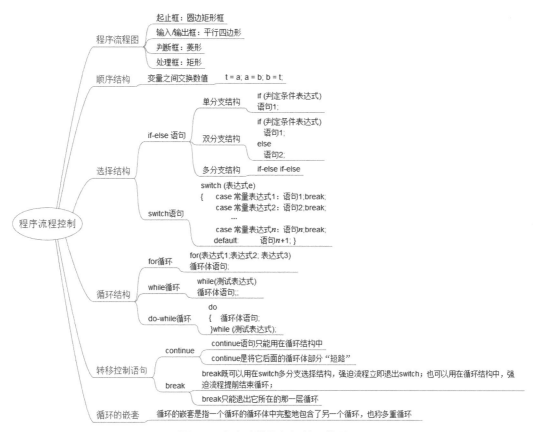

图 4-1　本实验涉及知识的思维导图

2. 常见的编程错误

循环结构程序设计时常见的编程错误如表 4-1 所示。

表 4-1　循环结构程序设计时常见的编程错误

示 例 代 码	错 误 分 析	错 误 类 型

`for (i=1,i<100,++i)`
`{`
`    ...`
`}`
	for 语句中 3 个表达式相互之间不能用","隔开,应该用";"隔开
	正确用法是
	`    for (i=1;i<100;++i)`
	`    {`
	`        ...`
	`    }`
		编译错误

示 例 代 码	错 误 分 析	错 误 类 型
```for (i=1;i<100;++i);{ ...}```	for 语句后面加了";",此时,循环体是空语句	运行错误
```int x;double s;for (x=100;x!=65;x-=5)s=sqrt((double)x);printf("%d的平方根:%.2f\n",x,s);```	for 循环的循环体是多条语句,此时这些语句必须放在"{}"中。正确写法是 ```int x;double s;for (x=100;x!=65;x-=5){ s=sqrt((double)x); printf("%d的平方根:%.2f\n",x,s);}```	编译错误
```while (i<=100){ sum=sum+i; i++;}```	在使用 while 循环时,未提前对测试表达式中出现的计数变量和循环体中的出现的累加变量赋初始值。正确写法是 ```i=1;sum=0;while (i<=100){ sum=sum+i; i++;}```	运行错误
```while (i<=100);{ ...}```	while 语句后面加了";",此时,循环体是空语句	运行错误
```i=1;sum=0;while (i<=100){ sum=sum+i;}```	在使用 while 循环时,循环体内没有出现修改循环变量的语句,导致死循环。正确写法是 ```i=1;sum=0;while (i<=100){ sum=sum+i; i=i+1;}```	运行错误
```i=1;sum=0;while (i<=100) sum=sum+i; i++;```	while 循环的循环体是多条语句,此时这些语句必须放在"{}"中。正确写法是 ```i=1;sum=0;while (i<=100){ sum=sum+i; i++;}```	编译错误
```do{ ...}while (i<=100)```	while 后面缺少";"。正确写法是 ```do{ ...}while (i<=100);```	编译错误

重复和坚持的力量

　　C语言中有3种语句可以表示循环结构,循环结构重要思想就是一遍一遍地反复做。假设1代表的是原地不动,1×1×1……代表每天一成不变,最终结果还是1。1.01×1.01×1.01……代表每天进步一点点,日积月累,不断地进步、再进步,一年以后,这个值为37.8。0.99×0.99×0.99……代表每天懒散一点点,懈怠一点点,那么一年以后这个值为0.03。这就是"积极"与"懈怠"的截然不同。有人在自我生命中,加入了"积极""坚持"的因子,每天努力朝向自己的目标进步一点点,大学四年在某些方面的成就已经"鹤立鸡群"了,如果这种"天天向上的坚持"成为一种习惯,陪伴一生,相信鹏程万里的未来可期了!

3. 能力训练：排除错误

【训练4】 排除错误。

　　训练内容：程序排错是确保程序运行正常的关键步骤。程序排错是指当程序运行出现错误时,通过调试工具和排错技巧寻找并修复错误的过程。程序排错的主要目的是找出导致程序错误的原因,并进行相应的修改。

　　常用的排错方法如下。

　　(1) 使用调试工具,例如设置断点、追踪、监视等。

　　(2) 缩小输入数据范围,利用较小输入找到导致程序错误的原因。

　　(3) 缩小错误范围,利用注释的方法"切掉"一些代码,将错误范围缩小到特定代码段或函数,逐步排除可能错误的代码区域,调试无误后再还原"切掉"的代码。

　　(4) 插入一些打印语句,输出变量的值,以便及时发现程序中的问题。

　　(5) 单步调试,逐句执行程序,以便查看程序的执行过程。

　　编程计算1～200的数中7的倍数的数之和。

```c
#include <stdio.h>
main()
{
    int i,sum=0;
    for (i=1;i<=200;i++)
        if (i%7==0)
            sum=sum+i;
    printf("sum=%d\n",sum);
}
```

　　程序运行结果如图4-2所示。

　　运行结果是否正确? 可以用以下的方法进行测试。

　　缩小数据范围。例如,将测试数据范围修改为1～20,即将for语句修改为for(i=1;i<=20;i++),检查程序的输出是否符合预期。

　　插入打印语句,输出每次循环时循环变量i的值。

```
sum=2842
请按任意键继续. . .
```

图4-2　训练4的运行结果

```
#include <stdio.h>
main()
{
    int i,sum=0;
    for (i=1;i<=200;i++)
        if (i%7==0)
        {
            sum=sum+i;
            printf("%d\n",i);                          //输出循环变量 i 的值
        }
    printf("sum=%d\n",sum);
}
```

单步调试。

在 Visual C++ 2010 中,首先选中"调试"|"窗口"|"局部变量"菜单选项,显示局部变量窗口,如图 4-3 所示。

图 4-3 训练 4 的调试过程 1

将光标定位在 for 语句,选中"调试"|"逐语句"菜单选项,如图 4-4 所示。

图 4-4 训练 4 的调试过程 2

单击图标 ,程序将一步一步执行,同时局部变量窗口中 i 和 sum 的值也会随之改变,
如图 4-5 所示。

图 4-5　调试过程 3

4. 实验任务和指导

1) 实验目的

(1) 掌握 3 种循环语句的一般形式、使用方法以及三要素。

(2) 熟练使用 for、while 和 do…while 语句编写程序实现单重循环和多重循环。

(3) 学习调试程序的一些技巧。

2) 实验内容

【实验 4-1】　皮球从给定的高度 h 处自由落下,触地后反弹到原高度的一半,再落下,
再反弹,如此反复。要求正确输出皮球在第 n 次落地时,在空中一共经过的距离,以及第 n
次反弹的高度。程序中有 2 处错误。试改正程序中的错误,并运行出正确结果。

注意:错误点在注释行的下一行,不得增加或删除行,也不得更改程序的结构。

实验类型:程序改错(综合型实验)。

程序设计思路:

(1) 皮球每次反弹的高度是前一次下落高度的一半。

(2) 皮球第 1 次落地时,在空中经过的距离是 h,以后每次落地,在空中经过的距离都
是本次反弹高度的 2 倍。

(3) 皮球第 n 次落地时在空中一共经过的距离应该是前 $n-1$ 次反弹高度之和的 2 倍
再加上 h。

源程序代码如下:

```
#include <stdio.h>                          /* sy4-1.c */
main()
{
    int n, i=1;
```

```
        float height, sum, d;
        printf("请输入高度,高度=");
        scanf("%f", &height);
        sum=height;
        printf("n代表落地次数,请输入 n 的数值,n=");
        scanf("%d", &n);
/ ********************** found【1】 ********************** /
        while (i >n)
        {
            d=height * 1/ 2;
            if (i==n)
                break;
/ ********************** found【2】 ********************** /
            sum=sum+d;
            height=d;
            i++;
        }
        printf("第%d次落地时,在空中一共经过%.1f,第%d反弹时高度是.1f\n", n, sum, n, d);
}
```

实验结果如图 4-6 所示。

```
请输入高度，高度=10
n代表落地次数，请输入n的数值，n=2
第2次落地时，在空中一共经过20.0,第2反弹时高度是2.5
请按任意键继续．．．
```

图 4-6 实验 4-1 的实验结果

【**实验 4-2**】 编写程序,将一个正整数 n 分解为几个质因数的乘积。例如:$132=2\times2\times3\times11$。

实验类型:程序填空(综合型实验)。

程序设计思路:

(1) 质因子是能整除给定正整数 n 的质数,从 2 开始查找 n 的质因子 f。

(2) 若找到第一个质因子,则按"$n=f$"的形式输出,然后判断整除后的商能否继续被 f 整除,若能整除,将相同的质因子保留下来,并按"$* f$"的形式输出,如此循环直到不能整除时退出。

(3) 通过 $f+1$ 查找下一个质因子,若该质因子不大于当前的 n,则继续执行步骤(2);否则,程序运行结束。

源程序代码如下:

```
#include <stdio.h>                          /* sy4-2.c */
main()
{
    int n,f,flag;
    printf("请输入正整数：");
    scanf("%d",&n);
```

```
                ____【1】____
        flag=1;
        do
        {
            while (_____【2】_____)
            {
                if (flag)
                    printf("%d=%d",n,f);
                else
                    printf(" * %d",f);
                n=n/f;
                flag=0;
            }
            f++;
        }while (f<=n);
        printf("\n");
    }
```

实验结果如图 4-7 所示。

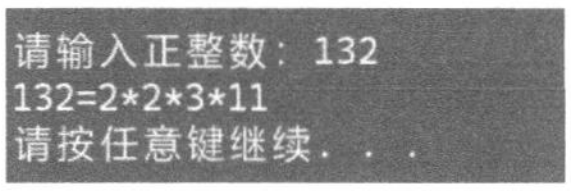

【实验 4-3】 某女生因减肥每餐限制摄入热量 900 卡，可以选择的食物包括主食和副食。主食为一份面条 160 卡，副食

图 4-7 实验 4-2 的实验结果

包括一份橘子 40 卡、一份西瓜 50 卡、一份菠菜 80 卡，编写程序帮助该女生计算如何选择一餐的食物，使得总热量为 900 卡，总份数不超过 10 份，同时至少包含一份主食和一份副食。(注：1 千焦(kJ)＝238.9 卡路里(cal，简称卡))

实验类型：程序编写(综合型实验)。

程序设计思路：

(1) 可用"枚举法"来解此问题。所谓枚举，逐一列举问题所有可能的答案，根据条件判断此答案是否合适，从而找出所有符合要求的答案。

(2) 确定枚举的范围，设一餐中面条 i 份，橘子 j 份，西瓜 k 份，菠菜 m 份。考虑到至少包含一份主食和一份副食，则有 $1 \leqslant i \leqslant 5$、$0 \leqslant j \leqslant 22$、$0 \leqslant k \leqslant 18$ 和 $0 \leqslant m \leqslant 11$。

(3) 确定测试条件：根据 i、j、k 和 m 的不同组合，测试每组 i、j、k 和 m 是否同时满足 $i+j+k+m \leqslant 10$，j、k、m 不同时为 0 和 $160i+40j+50k+80m=900$ 这 3 个条件，并输出所有符合条件的组合。

源程序代码如下：

```
#include <stdio.h>                          /* sy4-3.c */
main()
{                                           /* 补全代码 */



}
```

实验结果如图 4-8 所示。

【实验 4-4】 编制程序,验证哥德巴赫猜想。著名的哥德巴赫猜想是指任何一个大于 2 的偶数总能表示为两个素数的和。例如 8＝3＋5、12＝5＋7 等。

实验类型:经典算法探究(综合型实验)。

程序设计思路:

(1) 将 n 分解为两个数之和,即 $n＝a＋b$。

(2) 因为分解后的两个数中至少有一个是小于或等于 2 的,所以从 2 开始测试 a 是否为素数,直到 $n/2$ 为止。

(3) 对于 a 和 b,从 2 开始逐个检查其可能的因子,直到 a 的平方根和 b 的平方根为止。

(4) 只要 a 和 $n-a$ 均为素数即可。

源程序代码如下:

```
#include <stdio.h>                              /* sy4-4.c */
#include <math.h>
main()
{
    int n,a,b,i,j;
    printf("请输入一个大于 2 的偶数: ");
    scanf("%d",&n);
    for ( a=2;a<=n/2;a++)
    {
        int flag1=0,flag2=0;
        for ( i=2;i<=sqrt(a);i++)
        {
            if (a%i==0)
            {flag1=1;break;}
        }
        if (flag1==0)
        {
            b=n-a;
            for (j=2;j<=sqrt(b);j++)
            {
                if (b%j==0)
                {flag2=1;break;}
            }
        }
        if (flag1==0&&flag2==0)break;
    }
```

图 4-8 实验 4-3 的实验结果

```
    printf("%d =%d +%d\n",n,a,b);
}
```

实验结果如图 4-9 所示。

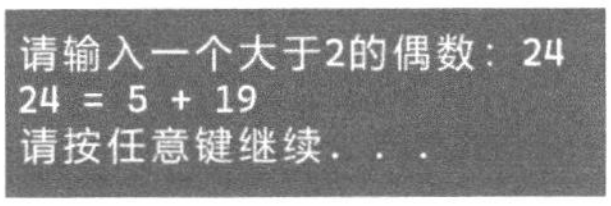

图 4-9 实验 4-4 的实验结果

实验 5 数组与字符串

1. 知识导学

本实验涉及知识的思维导图如图 5-1 所示。

图 5-1 本实验涉及知识的思维导图

2. 常见的编程错误

数组与字符串常见的编程错误如表 5-1 所示。

表 5-1　数组与字符串常见的编程错误

示 例 代 码	错 误 分 析	错 误 类 型

`int array(5);`
`double matrix(3,3);`
	定义数组时,数组的元素个数放在了"()"中。正确用法是
	`int array[5];`
	`double matrix[3,3];`
		编译错误

`int n;` `int array[n];`	定义数组时,数组的元素个数只能是整型常量	编译错误
`int a[3][]={(1,2,3),(4,` `5),(6,7)};`	利用初始化中的初值个数规定二维数组的大小时,只能省略表示行的表达式,不能省略表示列的表达式。正确写法是 `int a[][3]={(1,2,3),(4,5),(6,7)};`	编译错误
`int array[4]={1,2,3,4,5};`	数组初始化时,所给初值的个数多于定义的数组元素个数	编译错误

`int array[5];`
`array={1,2,3,4,5};`
	数组的赋值不能直接对数组名赋值,只能逐个对数组元素进行赋值。正确写法是
	`int i,array[5];`
	`array[0]=1,array[1]=2,array[2]=3,array[3]=4,`
	`array[4]=5;`
		编译错误

`int c,array[5];`
`c=array(1);`
	引用一维数组的元素时,下标表达式放在了"()"中。正确的引用方式是
	`int c,array[5];`
	`c=array[1];`
		编译错误

`int d,matrix[3][3];`
`d=matrix(1,2);`
	引用二维数组的元素时,行下标和列下标必须分别放在两个"[]"内。正确应用方式是
	`int d,matrix[3][3];`
	`d=matrix[1][2];`
		编译错误

`int c,d,array[5];`
`c=array[-1];`
`d=array[5];`
	引用数组元素时,下标和上标越界。数组中下标的下限是 0,上标的上限是定义数组时的元素个数减 1	运行错误

【学习思考】

物以类聚　人以群分

数组是 C 语言中常用的数据类型之一,它可以用来存储一系列相同类型的数据。正如《易经·系辞上》中所述的"方以类聚,物以群分",客观环境对一个人的影响甚大,和什么样的人在一起,就意味着你是什么样的人。日常生活中,大家应该多接触和传播具有正能量的人和事,结交品行良好的朋友,不断提升自己,当自己变得优秀时,也会有更多的机会遇到更优秀的人。孟母三迁,择其比邻而居,正是因为她深知"近朱者赤,近墨者黑"的道理。

3. 能力训练：代码编写风格

【训练 5-1】 清晰代码风格。

C 语言是一种高效、灵活、功能强大的编程语言，养成良好的代码风格在 C 语言编程中非常重要，它可以提高编程效率，保证代码质量、可读性、可维护性等。下面是关于 C 语言编程中养成良好代码风格的一些建议。

（1）换行的讲究。

① 每行只写一条语句，这样的代码易于阅读。

② 如果代码行太长，则需要选择合适的位置进行断行、换行，在防止代码超出屏幕边界的同时，要最大限度地减少换行对语句整体结构的破坏。

（2）对齐与缩进。

① "{"和"}"一般独占一行且配对后位于同一层次的缩进层，同时与引用它们的语句对齐，内部结构中的所有语句都统一向右退一格。

② 采用梯形层次格式，即不同层次的结构采用右缩进对齐格式。

③ 每层缩进的长度应该一致，通常为一个制表符宽或 4 个空格。

（3）空行与空格。

① 空行分隔，一个空行，意味着不同的功能块的分隔。在每个函数定义结束后加一空行；在函数体内部，相邻的两组逻辑上密切相关的语句块之间加一空行。

② 空格降低密度，在双目、三目运算符的左右两侧分别添加空格。

（4）程序注释。

① 注释是代码中非常重要的一部分，它可以使代码更加易读和易于理解。在代码中添加适当的注释，以解释代码的功能和实现方法。注释应该清晰明了，避免使用过多的技术术语和缩写。

② 在用户自定义函数的前面，对函数接口和功能加以注释说明。

③ 在一些重要的语句行的右边，如在定义一些非常用的变量、函数调用、多重嵌套的语句块结束处，加以注释说明。

④ 在一些重要的语句块的上方，特别是在语义转折处，对代码的功能、原理进行解释。

【训练 5-2】 字符串中字符的距离和。

训练内容：遍历字符串，计算任意两个字符之间的关系。

编写程序，输入任意字符串，计算字符串中所有字符之间的距离之和。两个字符之间的距离定义为它们在字母表中位置的距离。例如 A 和 C 的距离为 2，L 和 Q 的距离为 5。对于一个字符串，我们称字符串中两两字符之间的距离之和为字符串的内部距离。例如，ZOO 的内部距离为 22，其中 Z 和 O 的距离为 11。

欲求输入任意字符串的内部距离之和，首先要了解所有字符的 ASCII 码，对于 A 来讲就是 65，以此类推，不难发现，B 是 66，每次一个字母的 ASCII 码值＋1，因此可以直接将字符串中的字符进行相减，例如 C－A ＝ 67－65 ＝ 2，当然也可能出现差值为负数的情况，这时绝对值函数 abs() 发挥作用，无论正负相减差值的绝对值为两个字符之间的距离。因此可以从第一个开始，不断往后减每个字符，当得到第一个字符对后面所有字符的结果后，再让第二个字符向后面求距离，最后累加所有距离之和即可。

源程序代码如下：

```
#include <stdio.h>
#include <string.h>
#include <math.h>
main()
{
    int i,j,len;
    int num=0;
    char str[20];
    gets(str);
    len=strlen(str);
    for (i=0;i<len;i++)
        for (j=i+1;j<len;j++)
            num+=abs(str[i]-str[j]);
    printf("%d",num);
}
```

、程序运行结果如图 5-2 所示。

图 5-2　训练 5-2 的程序运行结果

4. 实验任务和指导

1）实验目的

（1）掌握一维数组的定义、初始化,以及一维数组中数据的输入和输出方法。

（2）掌握二维数组的定义、初始化,以及二维数组中数据的输入和输出方法。

（3）掌握与数组有关的查找、排序等算法。

（4）掌握字符数组的应用。

2）实验内容

【实验 5-1】 为使电文保密,往往按一定规律将其转换为密码,收报人再按约定的规律将其译回原文。例如,可以将字母 A 变成字母 G,b 变成 h,即变成其后的第 6 个字母,U 变成 A,V 变成 B⋯⋯Z 变成 F。字母按上述规律转换,非字母字符不变。按这样的规律对电文进行加密处理。程序中有 2 处错误,改正程序中的错误,并运行正确结果。

注意：错误点在注释行的下一行,不得增加或删除行,也不得更改程序的结构。

实验类型：程序改错（综合型实验）。

程序设计思路：

（1）判断字符是不是英文字母。

（2）以大写字母为例,如果是前 20 个字母之一,变成其后的第 6 个字母即可。

（3）对于 U、V、W、X、Y、Z 这 6 个字母,需要单独判断,此时相当于一个轮回,需要在加 6 的基础上再减去 26。

源程序代码如下：

```
#include <stdio.h>                          /* sy5-1.c*/
#include <string.h>
main()
{
```

```
        char key[100];
        int i=0;
        printf("原电文: ");
/ *************************** found【1】*************************** /
        scanf(key);
        while (key[i]!='\0')
        {
            if (key[i]>'a'&&key[i]<'z'||key[i]>'A'&&key[i]<'Z')
            {
                if (key[i]>='u'&&key[i]<='z'||key[i]>='W'&&key[i]<='Z')
/ *************************** found【2】*************************** /
                    key[i]-=26;
                else
                    key[i]+=6;
            }
            i++;
        }
        printf("加密电文: ");
        puts(key);
}
```

实验结果如图 5-3 所示。

```
原电文: Chinese Power!
加密电文: Inotkyk Vuckx!
请按任意键继续. . .
```

图 5-3　实验 5-1 的实验结果

【实验 5-2】　编写程序,将矩阵 **A**、**B** 的乘积存入矩阵 **C**,并按矩阵形式输出。

$$\boldsymbol{A} = \begin{bmatrix} 2 & -1 \\ -4 & 0 \\ 3 & 1 \end{bmatrix} \quad \boldsymbol{B} = \begin{bmatrix} 7 & -9 \\ -8 & 10 \end{bmatrix}$$

实验类型:程序填空(综合型实验)。

程序设计思路:

(1)利用二维数组存放矩阵 **A** 和 **B** 中的元素。

(2)根据矩阵的乘法,矩阵 **C** 的维数为 3×2,**A** 的第 i 行的每一个数与 **B** 的第 j 列的每一个数相乘相加,得到 $C[i][j]$。

(3)利用二维数组存放矩阵 **C** 中的元素并按矩阵形式输出。

源程序代码如下:

```
#include <stdio.h>                               / * sy5-2.c * /
main()
{
    int A[3][2]={2,-1,-4,0,3,1},B[2][2]={7,-9,-8,10};
    int i,j,k,s,C[3][2];
    for (i=0;i<3;i++)
        for (j=0;j<2;j++)
        {
            for (   【1】   ;k<2;k++)
```

```
            s+=_____【2】_____;
            C[i][j]=s;
        }

    for (i=0;i<3;i++)
    {
        for (j=0;j<2;j++)
            printf("%6d",C[i][j]);
        printf("\n");
    }
}
```

实验结果如图 5-4 所示。

【实验 5-3】 编写程序,用"两路合并法"将两个已按升序排列的数组合并成一个升序数组。例如:$a=\{5,9,19\}$,$b=\{12,24,26,37,48\}$,则合并后的 $c=\{5,9,12,19,24,26,37,48\}$。

实验类型:程序编写(综合型实验)。

程序设计思路:

(1) 0 对数组 a、b 的第一个元素进行比较,将其中较小的元素放入数组 c。

(2) 取较小元素所在数组的下一个元素与上次比较中较大元素进行比较,将较小元素放入数组 c,重复上述比较过程,直到一个数组的所有元素都已进入数组 c。

(3) 将另一个数组的剩余元素依次放入数组 c。

源程序代码如下:

```
#include <stdio.h>                               /* sy5-3.c */
main()
{   /*补全代码*/




}
```

实验结果如图 5-5 所示。

图 5-4　实验 5-2 的实验结果 　　　　图 5-5　实验 5-3 的实验结果

【实验 5-4】 编写程序,输入一个字符,用折半查找法找出该字符在已排序的字符串 a 中的位置。若该字符不在 a 中,则打印 * * 。

实验类型:经典算法探究(综合型实验)。

程序设计思路:

(1) 将数组的左右边界定义为 top 和 bot,初始时 top 为 0,bot 为字符串的长度减 1。

（2）计算中间元素的下标 mid，比较中间元素与输入字符的大小关系：如果中间元素等于输入字符，则返回找到的位置；如果中间元素大于输入字符，则新的右边界变为 mid−1；如果中间元素小于输入字符，则新的左边界为 mid+1。

（3）重复以上步骤，直到找到输入字符或者左边界大于右边界。

参考源程序代码如下：

```c
#include <stdio.h>                                    /* sy5-4.c */
main()
{
    char a[12]="adfgikmnprs",c;
    int i,top,bot,mid;
    printf("请输入一个字符: ");
    scanf("%c",&c);
    printf("c=\'%c\'\n",c);
    for (top=0,bot=10;top<=bot;)
    {
        mid=(top+bot)/2;
        if (c==a[mid])
        {
            printf("The position is%d\n",mid+1);
            break;
        }
        else if (c>a[mid])
            top=mid+1;
        else
            bot=mid-1;
    }
    if (top>bot)
        printf(" * * \n");
}
```

实验结果如图 5-6 所示。

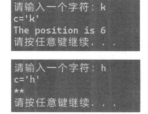

图 5-6　实验 5-4 的实验结果

经典算法延伸：如果字符串 a 为无序字符串，程序应做哪些调整来实现查找？

实验6 指 针

1. 知识导学

本实验涉及知识的思维导图如图 6-1 所示。

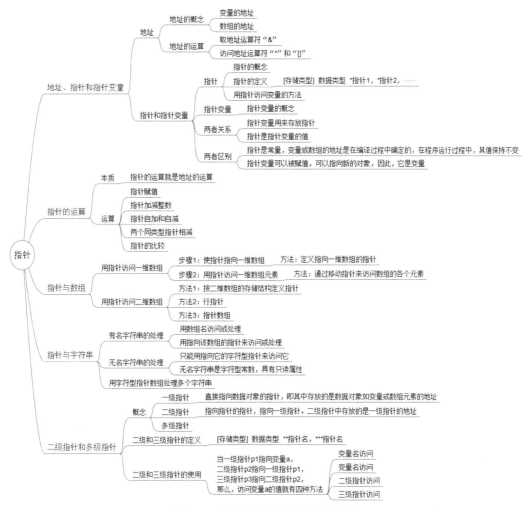

图 6-1 本实验涉及知识的思维导图

【学习思考】

透过表象看本质

  指针是 C 语言的灵魂,是 C 语言中最基础、最重要的概念之一。指针的存在使得 C 语言成为一种强大的、高效的、灵活的编程语言,并可以进行复杂的内存操作,能够更好地控制程序的行为,同时也能够实现高效的数据结构和算法。在众多语言中只有 C 语言有指针,因此很多人说指针没有存在的意义。其实不然，几乎所有的系统编程语言本身都会提供指针支持，只不过称呼变为"引用"，虽有区别，但基本原理是相同的。因此，在学习和理解知识时，不要被表象所误导，一定要看清其背后隐藏的本质。

2. 常见的编程错误

指针常见的编程错误如表 6-1 所示。

表 6-1　指针常见的编程错误

示 例 代 码	错 误 分 析	错 误 类 型
int a[10], * p; *p=3;	指针 p 没有初始化就被引用	运行错误
int *p=&ch; char ch;	对指针 p 初始化时就获取 ch 的地址，但此时 ch 还没有被定义	编译错误
char *p; int *q; q=p;	不同类型的指针不能相互赋值	运行错误

int a[2]={0,1}, * p;
p=&a[0];
*p=*a[1];
	由于 a[1]是数组元素的值，因此不能将 * a[1]赋值给指针 p 指向的内容，应该使用 * p＝a[1]	编译错误

int a[3][2], * p[3]=a;	p 是指针数组，其本质是一个数组。对指针数组初始化时应该使用 * p[3]＝{a[0],a[1],a[2]}或者循环对 p 中的每个数组元素赋值	编译错误
int a[3][2]; int * p[3]={a[0],a[1],a[2]}; int b= * p[2][1];	通过指针数组 p 访问二维数组的数组元素时，应该使用 p[i][j]、* (p[i]+j)、* (* (p+i)+j)或者 * (p+i)[j]，而不是 * p[i][j]	编译错误

3. 能力训练：指针调用

矩阵是数学中的一种重要工具，使用矩阵可以解决很多实际的问题，例如，对称矩阵常被用在电力系统中分析电力系统的稳定性，幻方矩阵常被用在密码学中实现数据的加密，转置矩阵常被用在计算机图形学中实现图像的旋转和镜像等操作。在完成与矩阵运算相关的问题时，可以使用二维数组存放矩阵元素，并通过指针将数组首地址传递给被调用函数，这样，就可以在被调用函数中通过指针访问矩阵元素来完成矩阵相关运算。

【训练 6-1】 对称矩阵。

训练内容：对称矩阵是指以主对角线为对称轴，各元素对应相等的矩阵，也就是说，如果一个矩阵 **A** 是对称矩阵，那么，$A[i,j]=A[j,i]$。编写程序，将矩阵中的元素读到二维数组中，然后判断矩阵是否为对称矩阵。

编写程序，要求在主函数中输入矩阵元素。将矩阵元素读入二维数组时，可使用行指针作为函数的实参将二维数组的首行地址从主函数传递到被调用函数中。在被调用函数中通过行指针访问矩阵元素实现矩阵的判断，并将判断结果返回主函数。函数调用结束后，在主函数中输出结果。编辑并调试程序后，记录运行结果。

（1）定义二维数组 int matrix [M][M]和行指针 int (* p)[M]。

（2）对 p 初始化使其指向 matrix 的第一行。

（3）使用 p 将矩阵元素依次存入 matrix 的各行，数组元素的地址可用 &p[i][j]、p[i]+j、*(p+i)+j 或者 &p[i][j] 表示。

（4）将 p 作为函数实参传递给被调用函数 isSymmetricMatrix()，判断矩阵是否为对称矩阵。

（5）定义行指针 int (*q)[M] 作为 isSymmetricMatrix() 的形参，用于接收实参 p。

（6）使用双重循环遍历数组元素来判断矩阵是否为对称矩阵，其中数组元素的值可用 q[i][j]、*(q[i]+j) 或者 *(*(q+i)+j) 表示。若存在 q[i][j]!=q[j][i]，则矩阵不是对称矩阵；否则，矩阵是对称矩阵。

（7）将判断结果返回到主函数，在主函数中输出判断结果。

源程序代码如下：

```
#include <stdio.h>
#include <string.h>
#define M 5
int isSymmetricMatrix(int (*q)[M])
{
    int i,j;
    for ( i=0;i<M;i++)
    {
        for (j=0;j<i;j++)
        {
            if (q[i][j]!=q[j][i])
                return 0;
        }
    }
    return 1;
}
main()
{
    int matrix [M][M],(*p)[M]=matrix ;
    int i,j;
    int flag;
    printf("请输入一个 5 阶矩阵：\n");
    for ( i=0;i<M;i++)
    {
        for (j=0;j<M;j++)
        {
            scanf("%d",p[i]+j);
        }
    }
    flag=isSymmetricMatrix(p);
    if (flag==1)
        printf("输入的矩阵是对称矩阵!\n");
    else
```

```
        printf("输入的矩阵不是对称矩阵!\n");
    }
```

运行结果如图 6-2 所示。

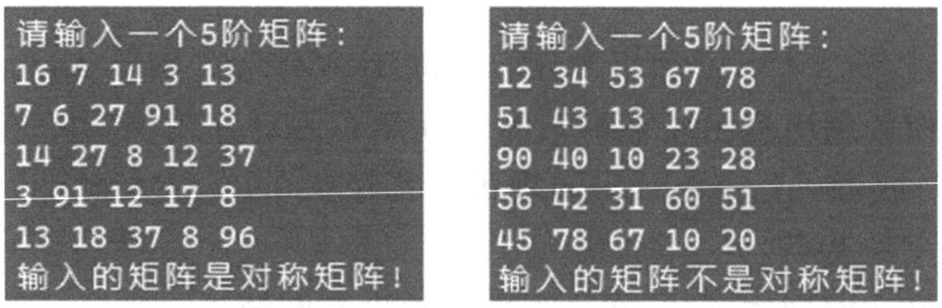

(a) 实训6-1的运行结果1 (b) 实训6-1的运行结果2

图 6-2　训练 6-1 的运行结果

【训练 6-2】　幻方矩阵。

训练内容：幻方矩阵是有相同的行数和列数，并在每行每列、每对角线上的和都相等的矩阵。

编写程序，判断矩阵是否为幻方矩阵。要求在主函数中输入矩阵元素，并在将矩阵元素读到二维数组时，可使用指针数组作为函数实参将二维数组的各行地址从主函数传递到被调用函数中。在被调用函数中通过指针数组访问矩阵元素来实现矩阵的判断，并将判断结果返回主函数中。函数调用结束后在主函数中输出结果。编辑并调试程序后，记录运行结果。

（1）定义二维数组 int m[M][M]和指数组针 int*p[M]。其中，M 是矩阵的行数和列数，假设取值为 5。

（2）对 p 初始化使其每个数组元素都分别指向二维数组的某一行，即 *p[M]={m[0]，m[1]，m[2]，m[3]，m[4]}。

（3）将矩阵元素依次存入 m 的各行中，数组元素的地址可用 &p[i][j]、p[i]+j、*(p+i)+j 或者 &p[i][j]表示。

（4）将 p 作为实参传递给被调用函数 isMagicSquareMatrix()，函数判断矩阵是否是幻方矩阵。

（5）定义指针数组 int * q[M]作为 isMagicSquareMatrix()的形参，用于接收实参 p。

（6）在 isMagicSquareMatrix()中定义数组 sum 用来存储每行，每列和每对角线上的和。首先，使用双重循环计算每行元素的和，然后，使用双重循环计算每列元素的和，之后，使用两个单层循环分别计算两条对角线上的元素和，最后，使用单层循环判断 sum 数组中的数据元素是否全部相等。若相等，表示矩阵是幻方矩阵，否则，表示矩阵不是幻方矩阵。

（7）将判断结果返回到主函数，在主函数中输出判断结果。

源程序代码如下：

```c
#include <stdio.h>
#define M 5
int isMagicSquareMatrix(int * q[M])
{
    int sum[2 * M+2]={0};
    int i,j,k=0;
    for ( i=0;i<M;i++)
```

```
{
    for (j=0;j<M;j++)
        sum[k]+=q[i][j];
    k++;
}
for ( j=0;j<M;j++)
{
    for (i=0;i<M;i++)
        sum[k]+=q[j][i];
    k++;
}
for ( i=0;i<M;i++)
    sum[k]+=q[i][i];
k++;
for ( i=0;i<M;i++)
    sum[k]+=q[i][M-i-1];
for (i=0;i<k;i++)
    if (sum[i]!=sum[i+1])
        return 0;
return 1;
}
main()
{
    int m[M][M], * p[M]={m[0],m[1],m[2],m[3],m[4]};
    int i,j;
    int flag;
    printf("请输入一个 5 阶矩阵: \n");
    for ( i=0;i<M;i++)
    {
        for (j=0;j<M;j++)
            scanf("%d",&p[i][j]);
    }
    flag=isMagicSquareMatrix(p);
    if (flag==1)
        printf("输入的矩阵是幻方矩阵!\n");
    else
        printf("输入的矩阵不是幻方矩阵!\n");
}
```

运行结果如图 6-3 所示。

【训练 6-3】 转置矩阵。

训练内容：把矩阵 A 的行换成相应的列，得到的新矩阵称为 A 的转置矩阵，记为 AT 或 A'。通常矩阵的第一列作为转置矩阵的第一行，第一行作为转置矩阵的第一列。

编写程序，将一个 M 阶的矩阵转置，输出转置后的矩阵。要求使用行指针作为函数的实参，将矩阵首行地址从主函数传递到被调用函数。被调用函数的形参接在收主函数传递

(a) 训练6-2的运行结果1 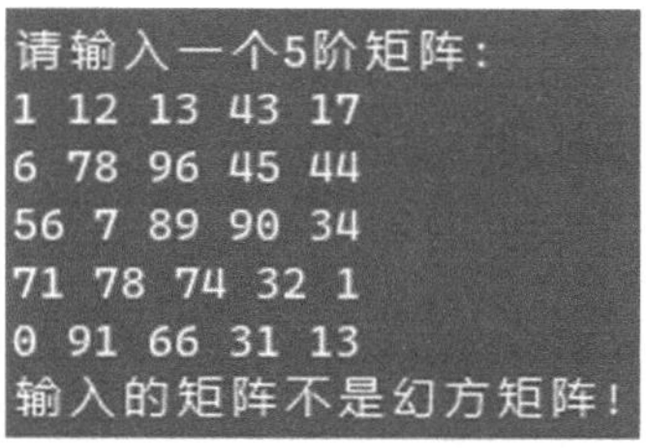　　　　(b) 训练6-2的运行结果2

图 6-3　训练 6-2 的运行结果

过来的指针后,通过指针访问矩阵元素来完成矩阵转置。编辑并调试程序后,记录运行结果。

（1）先定义二维数组 int a[M][N]和 int b[N][M]用于存入原始矩阵和转置后的矩阵;

（2）定义两个行指针 p 和 q 使其分别指向 a 和 b 的第一行,即

（ * p)[N]=&a[0], (* q)[M]=&b[0];

（3）定义 input(),函数用于完成矩阵元素的输入。

（4）定义 transpose(),函数用于完成矩阵的转置。该函数的形参是两个行指针 r 和 s,分别用于接收主函数传递过来的行指针 p 和 q。在 transpose()函数中,使用双重循环完成矩阵的转置,即使 s[j][i]＝r[i][j]。

（5）定义函数 print()用于完成转置后矩阵的输出。

（6）在主函数中依次调用 input()、transpose()和 print()完成训练内容。

（7）将判断结果返回到主函数,在主函数中输出判断结果。

源程序代码如下：

```c
#include <stdio.h>
#define M 4
#define N 5
void input(int c[M][N])
{
    int i,j;
    printf("请输入一个 4 行 5 列的矩阵: \n");
    for ( i=0;i<M;i++)
    {
        for (j=0;j<N;j++)
            scanf("%d", &c[i][j]);
    }
}
void transpose(int ( * r)[N], int( * s)[M])
{
    int i,j;
    for ( i=0;i<M;i++)
    {
        for (j=0;j<N;j++)
            s[j][i]=r[i][j];
```

```
    }
}
void print(int d[N][M])
{
    int i,j;
    printf("转置后的矩阵如下:\n");
    for ( i=0;i<N;i++)
    {
        for (j=0;j<M;j++)
            printf("%d ", d[i][j]);
        printf("\n");
    }
}
main()
{
    int a[M][N],b[N][M], ( * p)[N]=&a[0], ( * q)[M]=&b[0];
    int i,j;
    input(a);
    transpose(p,q);
    print(b);
}
```

运行结果如图 6-4 所示。

(a) 训练6-3的运行结果1

(b) 训练6-3的运行结果2

图 6-4　训练 6-3 的运行结果

4. 实验任务和指导

1) 实验目的

(1) 掌握用指针访问变量,访问一维数组、二维数组的方法。

(2) 掌握用指针处理字符串的方法。

(3) 熟练掌握运算符 * 、& 和[]的使用方法。

2) 实验内容

【实验 6-1】　编写程序,利用指向一维数组的指针,找到大小为 10 的一维数组中奇数的个数和偶数的个数。例如,数组元素为 10,35,2,78,35,23,67,89,43,10,则奇数的个数为 6,偶数的个数为 4。编辑并调试程序,记录运行结果。

实验类型：程序找错(综合型实验)。

算法设计思路：

(1) 定义一维数组 a 和指针 p,对 p 进行初始化,使其指向 a,即 int ＊p＝a。

(2) 定义变量 odd_count 和 even_count 用于记录数组中奇数的数量和偶数的数量。

(3) 对 odd_count 和 even_count 进行初始化,令 odd_count＝0,even_count＝0。

(4) 使用 p 遍历数组的每个数组元素。判断当前数组元素是否是奇数,若是奇数,则 odd_count++,否则,even_count++。

(5) 输出 odd_coun 和 even_count 的值。

源程序代码如下：

```c
#include <stdio.h>                                        /* sy6-1.c */
main()
{
    int a[10], * p=a, odd_count=0,even_count=0;
    int i;
    printf("请输入 10个整数:");
    for (i=0;i<10;i++)
/ ******************** found【1】******************** /
        scanf("%d",&(p+i));
    for (i=0;i<10;i++)
    {
/ ******************** found【2】******************** /
        if (p[i]%2=0)
            even_count++;
        else odd_count++;
    }
    printf("odd_count=%d, even_count=%d\n",odd_count,even_count);
}
```

运行结果如图 6-5 所示。

```
请输入10个整数:10 35 2 78 35 23 67 89 43 10
odd_count=6, even_count=4
```

图 6-5 实验 6-1 的运行结果

【实验 6-2】 编写程序,利用指向一维数组的指针,通过指针的移动模拟入队和出队。队列是一种先进先出的数据结构,它的特点是最先入队的数据最先出队。例如,若干学生排队等候就餐,最先排队的学生最先就餐,其他的学生依次就餐。编辑并调试程序,记录运行结果。

实验类型：程序填空(综合型实验)。

算法设计思路：

(1) 定义一维数组 a 和指针 p,对 p 进行初始化,使其指向 a,即 int ＊p＝a。

(2) 使用指针 p 将排队学生依次存入数组中完成入队操作。

(3) 将指针 p 重新指向数组首地址,使 p 指向第一个入队的学生。

（4）使用指针 p 依次将学生出队。

源程序代码如下：

```
#include <stdio.h>                                          /* sy6-2.c */
#define N 10
main()
{
    int a[N], *p=a;
    printf("请输入入队学生的编号:");
    while ( 【1】 )
        scanf("%d",p++);
    p=a;
    printf("出队学生次序如下:");
    while ( 【2】 )
        printf("%d ", 【3】 );
}
```

运行结果如图 6-6 所示。

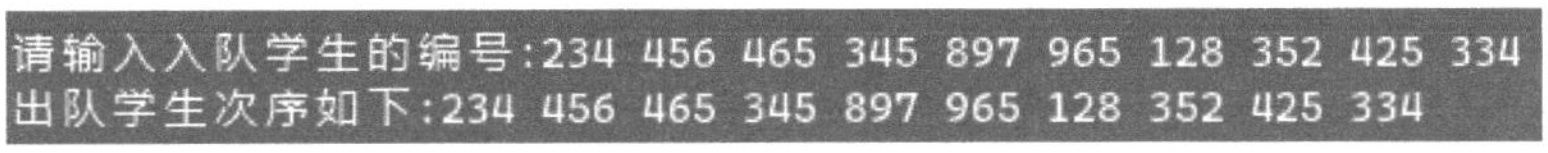

请输入入队学生的编号:234 456 465 345 897 965 128 352 425 334
出队学生次序如下:234 456 465 345 897 965 128 352 425 334

图 6-6　实验 6-2 的运行结果

【实验 6-3】　编写程序，让用户输入若干文本行和要查找的字符串，输出所有包含指定字符串的文本行，并输出这些文本行的行号。要求利用行指针将用户输入的各文本行存入二维数组中，通过行指针访问各文本行并判断文本行是否包含指定字符串。编辑并调试程序，记录运行结果。

实验类型：程序设计（设计型实验）。

程序设计思路如下。

（1）定义二维数组存放若干文本行。

（2）定义行指针。使用行指针将用户输入的若干个文本行依次存入二维数组的每行中。

（3）定义字符数组存储要查找的字符串。

（4）定义一维整型数组用于记录二维数组的每行是否包含要查找的字符串。例如，若第 i+1 行包含要查找的字符串，则将一维数组的第 i 个数据元素设置为 1；否则，设置为 0。

（5）使用循环遍历二维数组的每行，判断当前行是否包含要查找的字符串。若当前文本行包含要查找的字符串，则输出当前文本行，并将一维数组的对应数据元素设置为 1；否则，将一维数组的对应数据元素设置为 0。

（6）使用循环遍历一维整型数组的数组元素，输出符合条件的文本行对应的行号。

源程序代码如下：

```
#include <stdio.h>                                          /* sy6-3.c */
#include <string.h>
#define M 5
```

```
#define N 80
main()
{                                              /*补全代码*/




}
```

运行结果如图 6-7 所示。

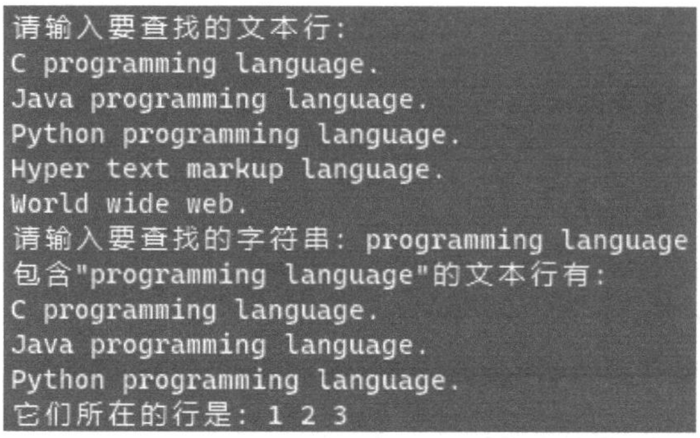

图 6-7 实验 6-3 的运行结果

【实验 6-4】 假设有 5 位评委给 10 位歌手打分,最高分 10 分,最低分 0 分。每位歌手的最终得分是,去掉一个最高分和一个最低分后的平均值。例如,若某一位歌手的成绩是 8.6 分、9 分、9 分、8 分、10 分,则该歌手最终得分是 8.86 分。编写程序,通过指针数组访问每位歌手的每个得分,之后,计算 10 位歌手的最终得分。编辑并调试程序,记录运行结果。

实验类型:经典案例探究(综合型实验)。

程序设计思路:

(1)先定义数组 a[M][N] 和指针数组 float * p[M]。

(2)利用循环对指针数组中的数组元素赋值,使指针数组中的每个指针分别指向 a 的某一行,即 p[i]＝a[i]。

(3)依次将 10 名歌手各自所获的 5 个得分存到数组 a 中。

(4)使用双重循环计算每位歌手的最终得分。定义 max 和 min 记录当前歌手的最高分和最低分。为了求出 max 和 min,先令 max＝a[i][0],min＝a[i][0],然后将 a[i][j] 依次与 max 和 min 比较,凡是比 max 大的 a[i][j] 就赋值给 max,凡是比 min 小的 a[i][j] 就赋值给 min,经过比较后,max 中存的就是该位歌手的最高分,min 中存的就是该位歌手的最低分。

(5)根据题目要求使用指针数组操作,数组元素 a[i][j] 的地址可用 &p[i][j]、p[i]＋j、*(p+i)＋j 或者 &p[i][j] 表示,数组元素 a[i][j] 的值可用 p[i][j]、*(p[i]＋j) 或者 *(*(p+i)＋j) 表示。

源程序代码如下:

```
#include <stdio.h>                              /* sy6-4.c */
```

· 72 ·

```
#define M 10
#define N 5
main()
{
    float a[M][N], * p[10];
    int i=0,j=0;
    float max,min,sum;
    float avg[5];
    for (i=0;i<M;i++)
        p[i]=a[i];
    for (i=0;i<M;i++)
    {
        printf("请输入第%d个歌手的成绩:",i+1);
        for (j=0;j<N;j++)
            scanf("%f",&p[i][j]);
    }
    for (i=0;i<M;i++)
    {
        max=p[i][0];
        min=p[i][0];
        sum=0;
        for (j=0;j<N;j++)
        {
            if (p[i][j]<min)
                min=p[i][j];
            if (p[i][j]>max)
                max=p[i][j];
            sum+=p[i][j];
        }
        avg[i]=(sum-max-min)/3;
        printf("第%d个歌手的最终得分为%f:",i+1,avg[i]);
    }
}
```

运行结果如图 6-8 所示。

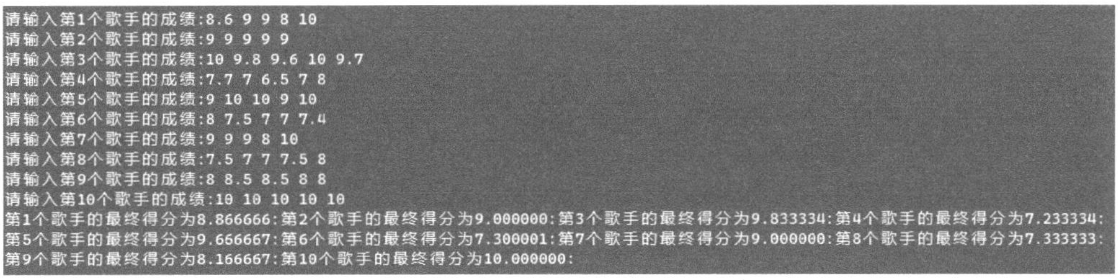

请输入第1个歌手的成绩:8.6 9 9 8 10
请输入第2个歌手的成绩:9 9 9 9 9
请输入第3个歌手的成绩:10 9.8 9.6 10 9.7
请输入第4个歌手的成绩:7.7 7 6.5 7 8
请输入第5个歌手的成绩:9 10 10 9 10
请输入第6个歌手的成绩:8 7.5 7 7 7.4
请输入第7个歌手的成绩:9 9 9 8 10
请输入第8个歌手的成绩:7.5 7 7 7 8
请输入第9个歌手的成绩:8 8.5 8.5 8 8
请输入第10个歌手的成绩:10 10 10 10 10
第1个歌手的最终得分为8.866666:第2个歌手的最终得分为9.000000:第3个歌手的最终得分为9.833334:第4个歌手的最终得分为7.233334:
第5个歌手的最终得分为9.666667:第6个歌手的最终得分为7.300001:第7个歌手的最终得分为9.000000:第8个歌手的最终得分为7.333333:
第9个歌手的最终得分为8.166667:第10个歌手的最终得分为10.000000:

图 6-8 实验 6-4 的运行结果

经典案例延伸：如果每位歌手的最终得分是，去掉两个最高分和两个最低分后的平均值，程序如何调整？

实验 7　函　　数

1. 知识导学

本实验涉及知识的思维导图如图 7-1 所示。

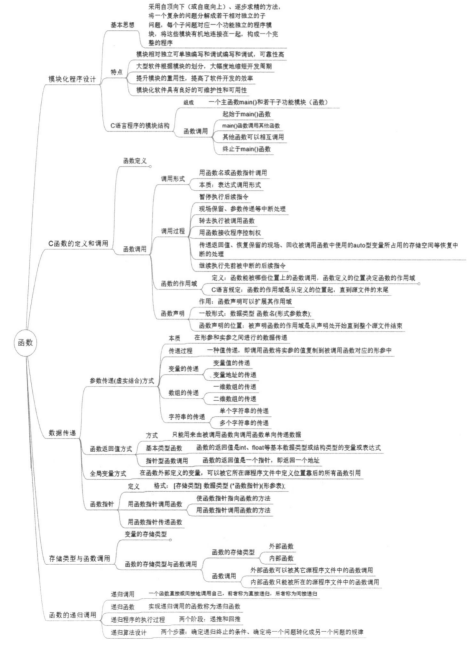

图 7-1　本实验涉及知识的思维导图

【学习思考】

各司其职,分工合作

《韩非子·扬权》中提到"使鸡司夜,令狸执鼠,皆用其能,上乃无事。"讲的都是各司其职、分工合作,则事情可以合理顺畅地完成这一道理。C 语言中函数就是具有某项功能的代码段,它是 C 语言完成任务的最小单位。函数是 C 语言模块化程序设计的核心概念,在进行模块化程序设计时,可以将每个函数看成一个单独的模块,也可能将若干相关函数看成一个模块。模块之间统筹规划,相互合作,保持低耦合性;模块内部功能明确,遵循高内聚性,一个 C 程序在执行时,通过各个模块的函数相互调用,以及它们之间的分工合作来完成程序的整个任务。

2. 常见的编程错误

函数常见的编程错误如表 7-1 所示。

表 7-1　函数常见的编程错误

示 例 代 码	错 误 分 析	错 误 类 型
`void sum(x,y)` `{ … }`	定义了 sum()函数,但是没有说明形参 x 和 y 的数据类型	编译错误

`int sum(int x,int y)`
`{`
`    int x=y+1;`
`    …`
`}`
	函数内变量名和形参名相同	编译错误

`main()`
`{`
`    …`
`    sum() { … }`
`}`
	在 main()函数内又定义了 sum()函数,函数不能嵌套定义	编译错误

`main()`
`{`
`    int x=0,y=0;`
`    sum(x,y)`
`}`
	main()函数调用 sum()函数的调用语句没有加";"	编译错误

`main()`
`{`
`    int i=1,j=1;`
`    sum(i,j);`
`}`
`void sum(int x,int y)`
`{…}`
	sum()函数定义在 main()函数后面,main()调用 sum()时没有提前对 sum()声明	编译错误

`void sum(int x,int y)`
`{…}`
`main()`
`{`
`    int i=1,j=1,s=0;`
`    s=sum(i,j);`
`}`
	sum()函数没有返回值,但是 main()函数却要求 sum()函数具有返回值	编译错误

3. 能力训练：模块化设计

模块化程序设计采用自底向上、逐步求精的方法将一个复杂的程序问题按照其功能的不同划分为若干个相对独立的子问题，每个子问题对应一个功能独立的程序模块，将这些模块有机地连接在一起，构成一个完整的程序。

【训练 7-1】 回文素数。

训练内容：回文数是指正读和反读都相同的整数，例如，12321 是回文数，12322 不是回文数。素数是指除了 1 和它本身以外，不能被任何其他整数整除的数，例如，7 是素数，24 不是素数。回文素数是一个既是素数又是回文数的整数，例如，11 是回文素数，171 不是回文素数。

编写程序，计算并输出指定范围内所有回文数的数量、素数的数量，以及回文素数的数量。要求采用模块化程序设计思想，设计 3 个自定义函数 int isPalindrome(int n)、int isPrime(int n) 和 int isPalindromePrime(int n)。isPrime() 用于判断整数是否是素数，isPalindrome() 用于判断整数是否是回文数，isPalindromePrime() 用于判断整数是否为回文素数，n 是待判断的数字。在主函数中调用 isPalindrome()、isPrime() 和 isPalindrome() 函数完成训练任务。编辑并调试程序，记录运行结果。

(1) 先定义变量 n1、n2 和 n3 分别存放回文数、素数和回文素数的数量；

(2) 在主函数中使用循环依次遍历指定范围内的数来判断当前数字是否是回文数、素数，以及回文素数。

(3) 每次遍历时，首先调用 isPalindrome() 判断当前数字是否是回文数，如果是，返回 1，否则返回 0，将返回结果累加到 n1 中；然后调用 isPrime() 判断当前数字是否是素数，如果是，返回 1，否则返回 0，将返回结果累加到 n2 中；最后调用 isPalindromePrime() 判断当前数字是否是回文素数，如果是，返回 1，否则返回 0，将返回结果累加到 n3 中。

(4) 输出 n1、n2 和 n3 的值。

源程序代码如下：

```
#include <stdio.h>
#include <math.h>
#include "string.h"
int isPalindrome(int n)
{
    int i,j,len,r=0;
    char str[20];
    sprintf(str,"%d",n);
    len=strlen(str);
    for (i =0,j=len-1; i <j; i++,j--)
    {
        if (str[i]!=str[j])
            break;
    }
    if (i<j)
        r=0;
    else
```

```
            r=1;
    return r;
}
int isPrime(int n)
{
    int i,r=1;
    int sr=(int)sqrt(n);
    if (n<=1)
        r=0;
    else
        for (i=2;i<=sr&&r;i++)
        {
            if (n%i==0)
                r=0;
            else
                continue;
        }
        return r;
}
int isPalindromePrime(int n)
{
    int r;
    r=isPalindrome(n)+isPrime(n);
    if (r==2)
        return 1;
    else
        return 0;
}
main()
{
    int n,n1=0,n2=0,n3=0;
    int left,right;
    printf("请输入数字范围(以空格分隔):");
    scanf("%d %d", &left, &right);
    for (n=left;n<=right;n++)
    {
        n1=n1+isPalindrome(n);
        n2=n2+isPrime(n);
        n3=n3+isPalindromePrime(n);
    }
    printf("[%d~%d]范围内共有%d个回文,%d个素数,%d个回文素数\n",left, right, n1,
        n2, n3);
}
```

运行结果如图 7-2 所示。

【**训练 7-2**】 DNA 序列查找。

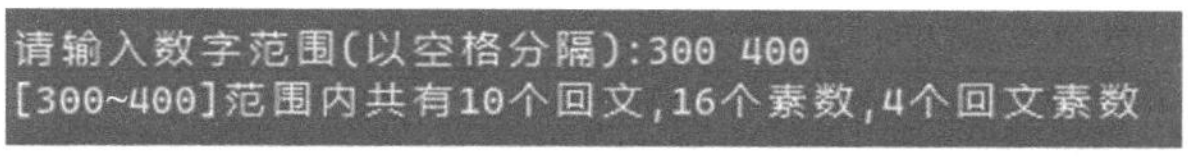
请输入数字范围(以空格分隔):300 400
[300~400]范围内共有10个回文,16个素数,4个回文素数

(a) 训练7-1的运行结果1

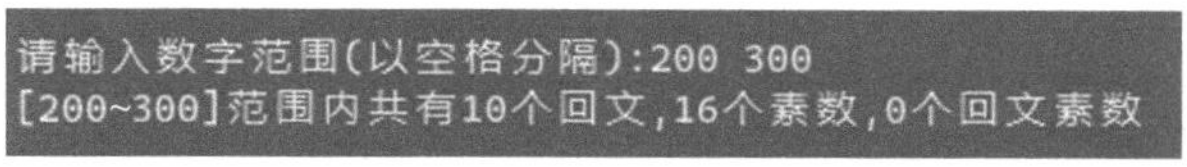
请输入数字范围(以空格分隔):200 300
[200~300]范围内共有10个回文,16个素数,0个回文素数

(b) 训练7-1的运行结果2

图 7-2　训练 7-1 的运行结果

训练内容：模式匹配指的是在某个字符串中查找与某个特定的子串相同的所有子串。模式匹配是计算机科学的基础性问题，已经被广泛应用于很多领域，例如，生物信息学经常使用模式匹配进行 DNA 序列比对。

编写程序，其功能是给定一个 DNA 序列和一个子序列，计算子序列在序列中出现的次数。例如，输入 AACTAACTACCTACCTG 和 TACCT，输出结果为 2。要求采用模块化程序设计思想，设计自定义函数 match()计算子序列出现的次数，并将计算结果返回到主函数。在主函数中调用 match()函数完成上述任务。编辑并调试程序，记录运行结果。

(1) 先定义 char src[M], dst[M]分别存放 DNA 序列和子序列。

(2) 定义 int match(char * p, char * q)，其中，p 和 q 分别指向 DNA 序列和子序列。match()函数使用循环遍历字符串，在每次循环中判断子序列是否出现在 DNA 序列的当前位置，如果是，则将次数加 1，否则，继续遍历 DNA 序列的下一个位置。直到整个 DNA 序列遍历完成，返回最后的结果。

(3) 在主函数中输出次数。

代码如下：

```
#include <stdio.h>
#include <string.h>
#define M 100
main()
{
    char src[M], dst[M];
    int n;
    int match(char * p, char * q);
    printf("请输入 DNA 序列:");
    gets(src);
    printf("请输入要查找的子序列:");
    gets(dst);
    n=match(src,dst);
    printf("出现%d 次子序列.",n);
}
int match(char * p, char * q)
{
    int i,j,t,n=0;
    for (i=0;p[i]!='\0';i++)
    {
```

```
        j=i;
        t=0;
        while (p[j]==q[t]&&q[t]!='\0')
        {
            j++;
            t++;
        }
        if (q[t]=='\0')
            n++;
        else
            continue;
    }
    return n;
}
```

运行结果如图 7-3 所示。

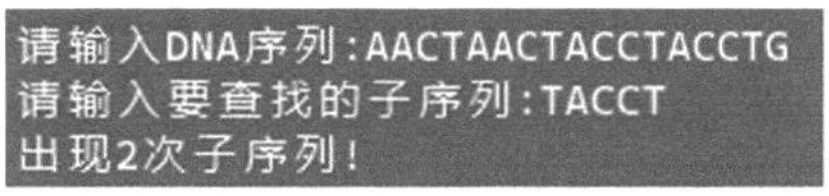

请输入DNA序列：AACTAACTACCTACCTG
请输入要查找的子序列：TACCT
出现2次子序列！

(a) 训练7-2的运行结果1

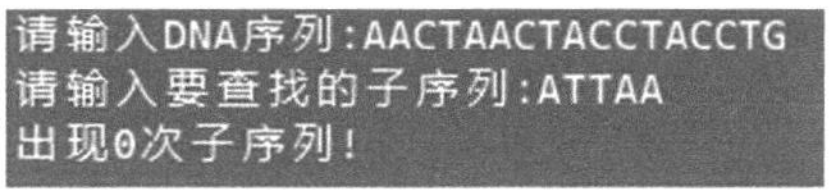

请输入DNA序列：AACTAACTACCTACCTG
请输入要查找的子序列：ATTAA
出现0次子序列！

(b) 训练7-2的运行结果2

图 7-3 训练 7-2 的运行结果

4. 实验任务和指导

1）实验目的

（1）掌握函数的定义和调用。

（2）掌握函数间“值传递”和“地址传递”的方式。

（3）掌握函数嵌套调用和递归调用方法。

2）实验内容

【实验 7-1】 编写程序，其功能是从键盘输入两个数字，在主函数中调用 swap()中实现两个数字的交换。swap()函数执行结束后，在主函数中输出交换后的两个数字。编辑并调试程序，记录运行结果。

实验类型：程序找错（综合型实验）。

程序设计思路：

（1）定义变量 a 和 b 用于接收键盘上输入的两个数字。

（2）将 a 和 b 的地址作为实参从主函数传递给 swap()函数的形参。

（3）swap()的形参是两个指针变量 p 和 q。swap()使用 p 和 q 接收从主函数传递过来的实参，之后，将指针所指的存储单元的内容进行交换。

（4）在主函数中输出 a 和 b 的值。

源程序代码如下：

```
#include <stdio.h>                              /* sy7-1.c */
#define N 3
/ *********************found【1】********************* /
void swap(int a, int b)
{
    int temp;
    temp=*b;
    *b=*a;
    *a=temp;
```

```
}
main()
{
    int a,b;
    printf("请输入交换前的两个数字:");
    scanf("%d %d",&a, &b);
/ *********************** found【2】*********************** /
    swap(a,b);
    printf("交换后的两个数字是%d %d!",a,b);
}
```

运行结果如图 7-4 所示。

请输入交换前的两个数字:12　34
交换后的两个数字是34　12!

图 7-4　实验 7-1 的运行结果

【**实验 7-2**】　编写程序,其功能是从键盘输入一行字符串,输出字符串中单词的个数。假设单词之间以标点符号或空格分隔。例如,输入一行字符串"The Chinese history culture is glorious,broad and profound. It is 5000 years.",程序将输出"13"。在主函数中调用 wt()函数实现单词的统计,wt()函数执行结束后,在主函数中输出单词的个数。编辑并调试程序,记录运行结果。

实验类型:程序设计(设计型实验)。

程序设计思路:

(1) 定义 char str[100]用于接收键盘上输入的字符串。

(2) 将 str 作为实参从主函数传递给 wt()函数的形参。

(3) wt()遍历 str 数组中的每个字符,如果当前字符是字母或数字并且下一个字符不是字符或数字,则表示找到了一个单词的末尾。

(4) 为了提高程序的可读性,自定义函数 int charFigure(char c)来判断字符 c 是否是字母或数字。charFigure 被 wt()调用,并向 wt()返回判断结果。

(5) wt()完成遍历后就统计到了字符串中单词的个数,之后,它向主函数返回计算结果。

(6) 在主函数中输出统计结果。

源程序代码如下:

```
#include <stdio.h>                          /* sy7-2.c */
#include <string.h>
#define M 100
int wt(char str[M])
{
    int i,j,n=0;
    int front,back;
    for (i=0;i<strlen(str);i++)
    {
        if ( 【1】 )
            n++;
        else
```

```
            continue;
        }
        return n;
}
int charFigure(char c)
{
    int r;
    if ( 【2】 )
        r=1;
    else
        r=0;
    return r;
}
main()
{
    int n;
    char str[M];
    printf("请输入字符串:");
    gets(str);
    n=wt(str);
    printf("共有%d个单词!\n",n);
}
```

运行结果如图 7-5 所示。

请输入字符串:The Chinese history culture is glorious, broad and profound. It is 5000 years.
共有13个单词!

图 7-5　实验 7-2 的运行结果

【实验 7-3】　斐波那契(Fibonacci)数列指的是这样一个数列：$1,1,2,3,5,8,13,21\cdots$，这个数列从第 3 项开始，每一项都等于前两项之和。编写程序，其功能是从键盘输入 n 的值，程序计算并输出斐波那契数列的前 n 项。编辑并调试程序，记录运行结果。

实验类型：程序设计(综合型实验)。

程序设计思路：

(1) 斐波那契数列的递归数学模型为 $F(n)$。

$$F(n)=\begin{cases}1, & n=0 \\ 1, & n=1 \\ F(n-1)+F(n-2), & n\geqslant 2\end{cases}$$

(2) 确定递归终止条件：当 $n=0$ 或 $n=1$ 时，结果为 1。

(3) 确定递归链条：$F(n)=F(n-1)+F(n-2)$。

程序源代码如下：

```
#include <stdio.h>                                    /* sy7-3.c */
int fibonacci(int n)
```

}

运行结果如图 7-6 所示。

请输入n的值:7
Fibonacci数列的前7项为:1 1 2 3 5 8 13

图 7-6　实验 7-3 的运行结果

【实验 7-4】　输入 10 名学生的学号,以及各自的语文、数学和英语百分成绩制,完成以下功能。

(1) 计算并输出每名学生的总分和平均分。

(2) 计算并输出每科的平均分、最高分和最低分。

(3) 按照平均分从高到低的顺序计算学生的名次并输出。平均分相同时名次并列,其他学生名次不变,例如,若 10 名学生的平均分是 98、95、86、77、80、90、95、80、90、75,则这 10 名学生的名次是 1、2、6、9、7、4、2、7、4、10。

要求采用模块化程序设计思想,设计 5 个自定义函数 stuSum()、stuAvg()、stuRank()、courAvg()、courMaxMin(),分别计算学生总分、学生平均分、学生名次,课程平均分、课程最高分和最低分。在主函数中调用自定义函数完成上述任务。编辑并调试程序,记录运行结果。

实验类型:经典案例探究(综合型实验)。

程序设计思路:

(1) 定义数组 int sno[10]存放 10 名学生的学号,int score[10][3]存放 10 名学生的语文成绩、数学成绩和英语成绩,int r[10]存放 10 名学生的名次,int stuResult[10][2]存放 10 名学生的总分和平均分,int course[3][3]存放 3 门课程的平均分、最高分和最低分。

(2) 定义 stuSum(int score[10][3],int stuResult[10][2])并用其计算学生的总分。stuSum()使用 score 数组中的学生成绩计算学生的总分,并将结果存入 stuResult 的第 1 列。

(3) 定义 stuAvg(int stuResult[10][2])并用其计算学生的平均分。stuAvg()使用 stuResult 数组中的学生总分计算学生的平均分,并将结果存入 stuResult 的第 2 列。

(4) 定义 stuRank(int stuResult[10][2],int r[10])并用其计算学生的名次。stuRank 使用 stuResult 数组中的学生平均分计算学生的名次,将名次存储到数组 r 中。

（5）定义 courAvg(int score[10][3],int course[3][3])并用其计算课程的平均分。courAvg 使用 score 中的课程成绩计算课程的平均分,将结果存入 course 数组的第 1 列。

（6）定义 courMaxMin(int score[10][3],int course[3][3])并用其计算课程的最高分和最低分。courMaxMin 使用 score 中的课程成绩计算课程的最高分和最低分,将结果分别存入 course 数组的第 2 列和第 3 列。

（7）在主函数中依次调用上述 5 个函数,并根据函数的返回结果在键盘上打印结果。

源程序代码如下:

```
#include <stdio.h>                                         /* sy7-4.c */
void stuSum(int score[10][3],int stuResult[10][2])
{
    int i,j;
    for (i=0;i<10;i++)
        for (j=0;j<3;j++)
            stuResult[i][0]=stuResult[i][0]+score[i][j];
}
void stuAvg(int stuResult[10][2])
{
    int i;
    for (i=0;i<10;i++)
        stuResult[i][1]=stuResult[i][0]/3;
}
void stuRank(int stuResult[10][2],int r[10])
{
    int i,j,count;
    for (i=0;i<10;i++)
    {
        count=0;
        for (j=0;j<10;j++)
        {
            if (stuResult[j][1]>stuResult[i][1])
                count++;
            else
                continue;
        }
        r[i]=count+1;
    }
}
void courAvg(int score[10][3],int course[3][3])
{
    int i,j,sum;
    for (j=0;j<3;j++)
    {
        sum=0;
        for (i=0;i<10;i++)
```

```
            sum=sum+score[i][j];
            course[j][0]=sum/10;
        }
    }
    void courMaxMin(int score[10][3],int course[3][3])
    {
        int i,j;
        int max,min;
        for (j=0;j<3;j++)
        {
            max=0;
            min=100;
            for (i=0;i<10;i++)
            {
                if (score[i][j]>max)
                    max=score[i][j];
                if (score[i][j]<min)
                    min=score[i][j];
            }
            course[j][1]=max;
            course[j][2]=min;
        }
    }
    main()
    {
        int sno[10];
        int score[10][3]={0};
        int r[10];
        int stuResult[10][2]={0};
        int course[3][3]={0};
        int i,j;
        printf("请输入 10 名学生的学号,语文成绩,数学成绩和英语成绩：\n");
        for (i=0;i<10;i++)
        {
            scanf("%d%d%d%d",&sno[i],&score[i][0],&score[i][1],&score[i][2]);
        }
        stuSum(score,stuResult);
        stuAvg(stuResult);
        stuRank(stuResult,r);
        courAvg(score,course);
        courMaxMin(score,course);
        for (i=0;i<10;i++)
            printf("第%d名学生的总分、平均分和排名是:%d %d %d\n",i+1,stuResult[i][0],
                    stuResult[i][1],r[i]);
        for (j=0;j<3;j++)
```

```
        if (j==0)
            printf("语文课程的平均分、最高分和最低分是:%d %d %d\n",course[j][0],
                course[j][1],course[j][2]);
        else
            if (j==1)
                printf("数学课程的平均分、最高分和最低分是:%d %d %d\n",course[j]
                    [0], course[j][1],course[j][2]);
            else
                printf("英语课程的平均分、最高分和最低分是:%d %d %d\n",course[j][0],
                    course[j][1],course[j][2]);
    }
```

运行结果如图 7-7 所示。

图 7-7　实验 7-4 的运行结果

经典案例延伸：如果排序的规则为,学生平均成绩相同,按照英语成绩从高分到低分排序,程序需要如何调整？

实验 8　复合数据类型

1. 知识导学

本实验涉及知识的思维导图如图 8-1 所示。

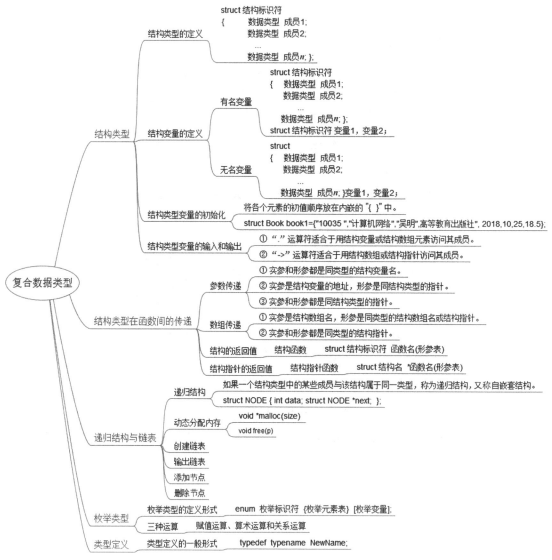

图 8-1　本实验涉及知识的思维导图

2. 常见的编程错误

复合数据类型常见的编程错误如表 8-1 所示。

表 8-1 复合数据类型常见的编程错误

示 例 代 码	错 误 分 析	错 误 类 型
```struct students { char num[9]; char name[20]; int age; } ```	结构体定义最后漏写";"。正确用法是 ```struct students { char num[9]; char name[20]; int age; }; ```	编译错误
```struct students { char num[9]; char name[20]; int age; }; struct stu1; ```	定义结构体变量错误。在定义结构体的结构类型时,由于结构类型为 struct students,所以不应该用 struct 定义变量,正确的定义方式是 struct students stu1;	编译错误
stu1.num="20231234"	结构体成员类型为字符时不能直接采用复制运算符赋值,需要用字符串函数 strcpy()进行字符复制。正确的写法是 strcpy(stu1.num, "20231234")	编译错误
*p.age	使用指针引用结构体成员时缺少"()",点号的优先级比星号高。正确写法是 (*p).age 或者 p->age	编译错误
stu1->age	结构变量或结构数组元素访问其成员时,采用"."。正确写法是 stu1.age	编译错误

【学习思考】

先定规则后做事

结构类型是一个自定义类型,没有固定的类型名存在。需要根据数据本身的特征,先定义结构体类型,再用这个定义的结构体类型定义变量。定义结构类型,就相当于定义了结构体变量的"规则",这个"规则"规定了结构变量成员的类型、数量等。孟子曰:"离娄之明,公输子之巧,不以规矩,不能成方圆。"这句话告诫人们:做事要遵循一定的规则,因为世间万物必须有一条基础的准绳,有所规限,方可有始有终。做事先申明规则,既能够保证事情执行过程中的公平公正,同时也能达到事半功倍的效果。

3. 能力训练:链表的补充操作

【训练 8-1】 创建链表。

训练内容:创建链表。

训练实例:创建学生 Student 结构链表,要求包含学生姓名(name),学号(number),具体要求如下:

(1) 在运行程序后输入学生信息,如果首次输入学号即为−1,则链表节点个数为 0 个,输出学生信息为空,运行结果如图 8-2 所示。

(2) 在运行程序后输入学生信息,如果首次输入第 5 人的学号为−1,则链表节点个数为 4 个,输出学生信息如图 8-3 所示。

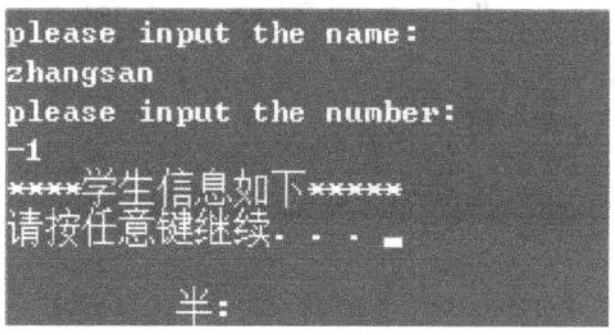

图 8-2 训练 8-1 的运行结果 1

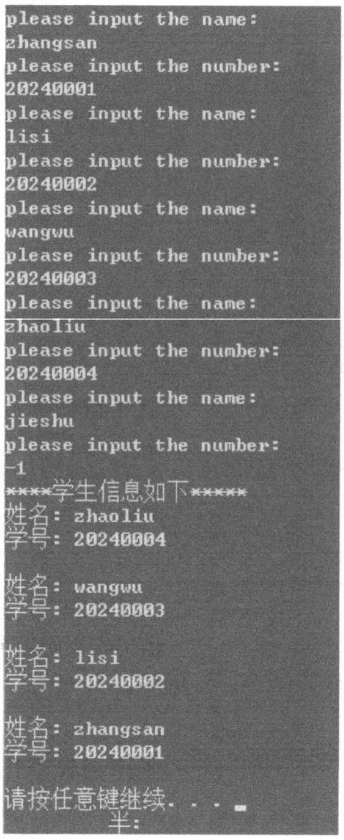

图 8-3 训练 8-1 的运行结果 2

```
#include <stdio.h>
#include <stdlib.h>
struct Student
{
    char name[100];                                        //学生姓名
    int number;                                            //学号
    struct Student * next;                                 //指向下一个节点的指针
};
struct Student * Create();
void print(struct Student * Head);
int length(struct Student * Head);
main()
{
    struct Student * head;
    int n=10,m=0;
    head=Create();
    print(struct Student * Head);
    m=length(struct Student * Head);
    printf("共有%d个节点",%m);
}
struct Student * Create()
{
    struct Student * Head;
    Head=(struct Student * )malloc(sizeof(struct Student));    //头指针
    Head->next=NULL;                                           //头指针指向空
```

```
    struct Student * s;
    int num;
    char a[20];
    while (1)                                      //当学号>0 时
    {
        printf("please input the name:\n");
        scanf("%s",&a);
        printf("please input the number:\n");
        scanf("%d",&num);
        if (num<=0)
        {
            break;
        }
        s=(struct Stduent * )malloc(sizeof(struct Student));
        s->number =num;
        strcpy(s->name,a);

        //用头插法创建链表
        s->next =Head->next;                       //新节点指向原来的首元节点
        Head->next =s;                             //链表的头节点指向新节点
    }
    return Head;
}
```

【训练 8-2】 遍历链表。

训练内容：遍历链表并统计链表节点个数。

训练实例：编写函数，遍历上文链表，同时统计链表中节点的个数。

```
void print(struct Student * Head)                  //输出链表
{
    struct Student * Temp =Head->next ;            //临时指针指向首元节点
    printf("****学生信息如下*****\n");
    while (Temp!=NULL)
    {
        printf("姓名: %s\n",Temp->name );
        printf("学号: %d\n",Temp->number );
        printf("\n");
        Temp=Temp->next ;                          //移动临时指针到下一个节点
    }
}


int length(struct Student * Head)                  //链表长度计数
{
    struct Student * p =Head->next ;               //p 指针指向首元节点
    int iCount =0; //计数器
    while(p!=NULL)
    {
        iCount++;
```

```
        p =p->next ;                              //移动 p 指针到下一个节点的地址
    }
    return iCount;
}
```

运行结果如图 8-4 所示。

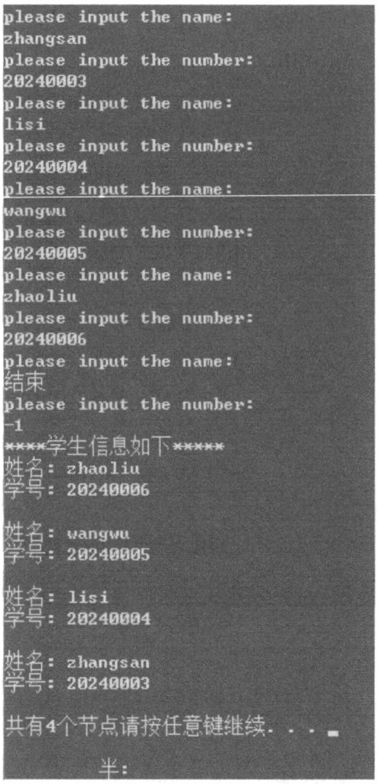

4. 实验任务和指导

1）实验目的

（1）掌握结构类型和结构变量的定义方法。

（2）掌握结构成员的引用方法和结构数组的使用。

（3）掌握使用结构变量作为函数参数实现函数调用。

（4）学会使用结构来构造单向链表。

2）实验内容

【实验 8-1】 编制程序,其功能是定义一个结构体变量(包括年、月、日),计算给定日期在本年中的第几天。程序中有 3 处错误,改正程序中的错误,并运行出正确结果。

实验类型：程序改错（综合性实验）。

程序设计思路：

（1）根据题目要求定义结构类型,包含 3 个字符型的数组成员,用来存放姓名、地址和电话号码。由此再定义 5 个元素的结构数组,输入 5 条记录。

图 8-4　训练 8-2 的运行结果

（2）然后根据键盘输入的姓名,在结构数组中查找满足条件的元素,若找到,输出该数组元素的各个成员,否则输出"未找到"的信息。

源程序代码如下：

```
#include <stdio.h>                               //文件名 sy8-1.c
#include <stdlib.h>
struct date
{
    int year;
    int month;
    int day;
};
int days(int year,int month,int day);
int check(int year,int month,int day);
main()
{
    struct date dt;
    printf("please input Y,M,D\n");
    /**********************found【1】*************************/
    scanf("%d%d%d",dt.year,dt.month,dt.day);
    /**********************found【2】*************************/
```

```c
    if (check(dt.year,dt.month,dt.day)=0)
    {
        printf("日期输入有误?\n");
        exit(0);
    }
    /***************************found【3】***************************/
    printf("\n%d %d %d is: %d days\n",dt.year,dt.month,dt.day, days(year,month,day));
}
/* check 函数判别输入的日期是否合法,合法返回,不合法返回 0 */
int check(int year,int month,int day)
{
    if (year<0||month<1||month>12||day<1)
        return 0;
    if ((month%2==1&&month<=7)||(month%2==0&&month>=8))
    {
        if (day>31)
        return 0;
        else
        return 1;
    }
    else if ((month==4)||(month==6)||(month==9)||(month==11))
    {
        if (day>30)
        return 0;
        else
        return 1;
    }
    else if (month==2)
    if (((year%4==0&&year%100!=0)||year%400==0))        //闰年
    {
        if (day>29)
            return 0;
        else
            return 1;
    }
}
int days(int year,int month,int day)
{
    int i,day_sum=0,leap;
    int day_tab[13]={0,31,28,31,30,31,30,31,31,30,31,30,31};
    if (year%4==0&&year%100!=0||year%400==0)
        leap=1;
    else
        leap=0;
    for (i=1;i<month;i++)
        day_sum=day_sum+day_tab[i];
    day_sum=day_sum+day;
    if (leap==0&&month>=3)
```

```
        day_sum=day_sum+1;
    return day_sum;
}
```

实验结果如图 8-5 所示。

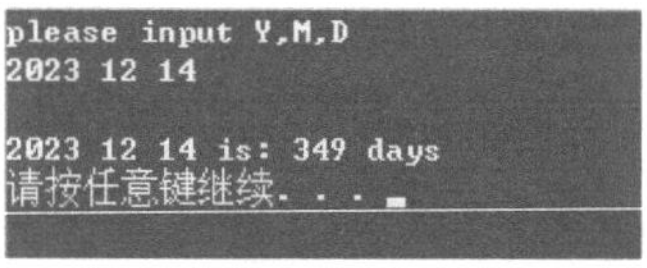

```
please input Y,M,D
2023 12 14

2023 12 14 is: 349 days
请按任意键继续. . .
```

图 8-5 实验 8-1 的实验结果

【实验 8-2】 编制程序,用结构数组存放一个数据库,含 N 个人的考试成绩,包括姓名、数学、计算机、英语、体育和总分,其中总分由程序自动计算。主程序能输出排序后的数组。sort()函数完成按总分从高到低排序。

注意:不得增加或删除行,也不得更改程序的结构。

实验类型:程序填空(综合性实验)。

程序设计思路:

(1) 在 main()函数中定义结构数组,输入各成员数据,进而计算出每个人的总分,调用 sort()函数对结构数组排序,最后在主程序中输出排序后的结果。

(2) 由于存在函数调用,且结构数组要在函数间传递,因此,最好先定义一个外部结构类型,以保证各函数中的结构类型一致。

(3) 当结构数组在函数间传递时,实参为结构数组名或结构指针,形参可以是结构指针或结构数组名。

源程序代码如下:

```
#include <stdio.h>                                    //文件名 sy8-2.c
#define N 5
struct stu
{
    char name[10];
    int score[4];
    int total;
};
void sort(struct stu * p, int n)
{
    int i,j,k;
    struct stu temp;
    for (i=0;i<n-1;i++)
    {
        k=i;
        for (j=i+1;j<n;j++)
            if (p[k].total<p[j].total)
                k=j;
        if (k!=i)
        {
        temp=p[k]; p[k]=p[i]; p[i]=temp;
        }
    }
}
```

```
main()
{
    struct stu s[10];
    int i,j;
    for (i=0;i<N;i++)
    {
        printf("Enter %d#name and 4 scores:",i+1);
        scanf("%s%d%d%d%d",s[i].name,&s[i].score[0],&s[i].score[1],
            &s[i].score[2], &s[i].score[3]);
        s[i].total=0;
        for (j=0;j<4;j++)
            s[i].total+=  【1】  ;
    }
        【2】  ;
    for (i=0;i<N;i++)
        printf("%s: %d, %d, %d, %d, %d\n",s[i].name,s[i].score[0],s[i].score[1],
            s[i].score[2], s[i].score[3],s[i].total);
}
```

实验结果如图 8-6 所示。

【实验 8-3】 编制程序,设有 3 个参选人,分别为 zhang、wang 和 jiang。设有 10 个人参加投票,每次输入一个得票人的名字,要求最后输出每个参选人各自的票数。

注意:不得增加或删除行,也不得更改程序的结构。

实验类型:程序编写(综合型实验)。

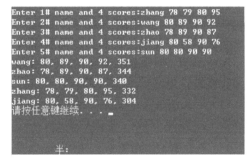

图 8-6　实验 8-2 的实验结果

程序设计思路:

(1) 在 main()函数中定义结构数组,输入各成员数据,进而计算出每个人的总分,调用 sort()函数对结构数组排序,最后在主程序中输出排序后的结果。

(2) 由于存在函数调用,且结构数组要在函数间传递,因此最好先定义一个外部结构类型,以保证各函数中的结构类型一致。

(3) 当结构数组在函数间传递时,实参为结构数组名或结构指针,形参可以是结构指针或结构数组名。

源程序代码如下:

```
#include <stdio.h>                                    //文件名 sy8-3.c
#include <string.h>
struct person
{
    char name[20];
    int count;
};
void vote(struct person * stu1)
```

```
    {
    }
main()
{
    struct person stu[3]={"zhang",0,"wang",0,"jiang",0};
    int i;
    vote(stu);
    printf("\n 最后的票数的统计结果?: \n");
    for (i=0;i<3;i++)
        printf("%5s %d\n",stu[i].name,stu[i].count);
}
```

实验结果如图 8-7 所示。

【实验 8-4】 有 10 名学生,每名学生的数
据包括学号、姓名和成绩。编写程序,将这 10
名学生的信息按照成绩从高到低的顺序输出。

实验类型:经典案例探究(综合型实验)。

程序设计思路:

(1)定义结构类型表达学生信息,使用结
构体数组来存储 10 名学生的数据。

(2)循环输入 10 名学生的数据。

(3)利用冒泡法对学生进行排序。

(4)循环输出排序后的 10 名学生的信息。

源程序代码如下:

图 8-7　实验 8-3 的运行结果

```
#include <stdio.h>                              //文件名 sy8-4.c
#define N 10
struct Students{
    char no[8];                                 //学号
    char name[20];                              //姓名
    double score;                               //成绩
};
main()
{
    struct Students stu[10],tmp;
    int i,j;
    printf("请输入%d个学生信息: \n");
    for (i=0;i<N;i++)
    {
        scanf("%s%s%lf",stu[i].no,stu[i].name,&stu[i].score);
    }
    printf("\n 排序前: \n");
```

```
for (i=0;i<N;i++)
printf("%d\t%s\t%s\t%lf\t\n",i+1,stu[i].no,stu[i].name,stu[i].score);
for (i=0;i<N;i++)                          //排序趟次
for (j=0;j<N-i-1;j++)                       //从前往后比
if (stu[j].score<stu[j+1].score)           //按学生成绩从高往低排序
{
    tmp=stu[j];                            //交换 stu[j]与 stu[j+1],成绩高的往前移
    stu[j]=stu[j+1];
    stu[j+1]=tmp;
}
printf("排序结果: \n");
for (i=0;i<N;i++)
{
    printf("%d\t%s\t%s\t%lf\t\n",i+1,stu[i].no,stu[i].name,stu[i].score);
}
}
```

实验结果如图 8-8 所示。

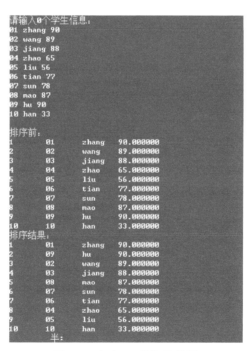

图 8-8　实验 8-4 的运行结果

经典案例延伸:如果排序的规则为,学生成绩相同,按照姓名对应的字母从高到低排序,程序需要如何调整?

实验 9 文 件 操 作

1. 知识导学

本实验涉及知识的思维导图如图 9-1 所示。

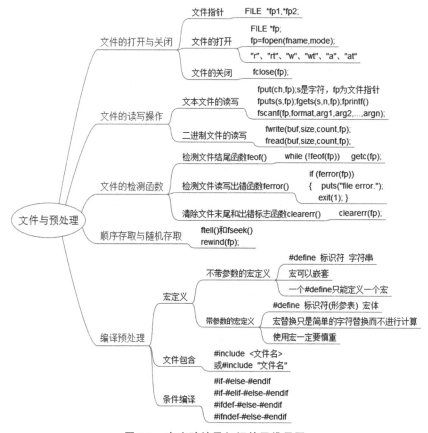

图 9-1 本实验涉及知识的思维导图

2. 常见的编程错误

文件操作常见的编程错误如表 9-1 所示。

表 9-1 文件操作常见的编程错误

示 例 代 码	错 误 分 析	错 误 类 型
| ```
struct students
{
    char num[9];
    char name[20];
    int age;
}
``` | 结构体定义最后漏写";"。正确用法：<br>```
struct students
{
    char num[9];
    char name[20];
    int age;
};
``` | 编译错误 |

示 例 代 码	错 误 分 析	错 误 类 型

``
struct students
{
    char num[9];
    char name[20];
    int age;
};
struct stu1;
``
	定义结构体变量错误,结构体先定义结构类型,结构类型为 struct students,不应该用 struct 定义变量,因此定义变量时正确方式:
	struct students stu1;
		编译错误

【学习思考】

文件的作用

文件处理在编程语言中具有重要意义,随着计算机技术的不断发展,文件已经成为人们日常生活和工作中不可或缺的部分。文件格式作为文件存储和传输的基础,对于计算机系统的正常运行和数据的有效管理起着重要作用。文件不仅是记录和存储信息的载体,也是信息整理、传递和保护的工具。从历史、文化、科学到法律、商业等各个领域,文件都扮演着不可替代的角色,为人们的工作和生活提供了便利和价值。随着技术的不断发展,文件系统将继续完善和创新,为用户提供更好的数据管理和访问体验。

3. 能力训练:文件操作

在 C 语言中,操作文件之前必须先打开文件;所谓"打开文件",就是让程序和文件建立连接的过程。打开文件之后,程序可以得到文件的相关信息,例如大小、类型、权限、创建者、更新时间等。在后续读写文件的过程中,程序还可以记录当前读写到了哪个位置,下次可以在此基础上继续操作。不同的操作需要不同的文件权限。例如,只想读取文件中的数据的话,"只读"权限就够了;既想读取又想写入数据的话,"读写"权限就是必需的了。在调用fopen()函数时,这些信息都必须提供,称为"文件打开方式"。最基本的文件打开方式如表 9-2 所示。

表 9-2 文件的打开方式

文件使用方式	含 义	指定文件不存在
"r"只读	为了输入数据,打开一个已存在的文本文件	出错
"w"只写	为了输出数据,打开一个文本文件	建立新文件
"a"追加	向文本文件尾添加数据	出错
"rb"只读	为了输入数据,打开一个二进制文件	出错
"wb"只写	为了输出数据,打开一个二进制文件	建立新文件
"ab"追加	向二进制文件尾添加数据	出错
"r+"读写	为了读和写,打开一个文本文件	建立新文件
"w+"读写	为了读和写,建立一个新的文本文件	出错
"a+"读写	为了读和写,打开一个文本文件	出错

文件使用方式	含　义	指定文件不存在
"rb+" 读写	为了读和写，打开一个二进制文件	出错
"wb+" 读写	为了读和写，建立一个新的二进制文件	建立新文件
"ab+" 读写	为读写打来一个二进制文件	出错

【训练 9-1】 打开文件的方式。

训练内容：以"只读"或"只写"方式打开文件。

（1）编写程序，以"只读"方式打开文件，当文件不存在时，测试程序运行结果。

```
#include <stdio.h>
main()
{
    FILE * fp=fopen("data.txt","r");
    if (NULL==fp)
    {
        perror("fopen");
        return 1;
    }

    fclose(fp);
    fp=NULL;
}
```

此时该路径下没有名为 data.txt 的文件，因此会打开失败程序，运行结果如图 9-2 所示。

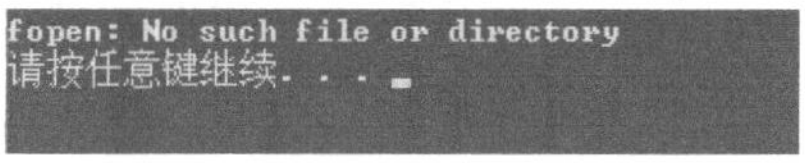

图 9-2　训练 9-1 的程序运行结果

（2）编写程序，以"只写"方式打开文件，当文件之前未建立时，对比前后运行结果。

```
#include <stdio.h>
main()
{
    FILE * fp=fopen("data.txt","w");
    if (NULL==fp)
    {
        perror("fopen");
        return 1;
    }

    fclose(fp);
    fp=NULL;
}
```

用写的方式打开文件，如果文件不存在，会在该路径底下创建一个新的名为 data.txt 的文件,程序运行结果如图9-3和图9-4所示。

图 9-3 程序运行前

图 9-4 程序运行后

【**训练 9-2**】 文件的调用路径。

文件的调用中清晰地表示文件标识十分重要,文件标识一般包括文件路径,文件名称和后缀 3 部分,其中文件后缀表示文件的性质,例如,.txt、.doc、.dat、.c、.h。

文件路径:表示文件在外部存储设备中的位置。表示文件在外部存储设备中的位置,通常文件路径可以用相对路径和绝对路径描述。绝对路径:可以直接通过路径找到存储位置。相对路径:相对于某个文件去描述路径。"."表示相对于某个文件的当前路径。"…/"表示相对于某个文件的上层路径。

训练内容:使用"相对路径"或"绝对路径"。

(1) 编写程序完成打开文件"data.txt",该文件存储于当前程序文件所在上一级目录的子文件夹"文件"中,具体要求如下:

"`..`"表示文件的上一级目录,"文件"为该目录底下的文件夹,程序运行结果如图9-5所示。

图 9-5 训练 9-2 的程序运行结果

```c
#include <stdio.h>
main ()
{
    FILE*fp=fopen("..\\文件\\data.txt", "r");
    if (NULL==fp)
```

```
    {
        perror("fopen");
        return 1;
    }
    else
    {
        printf("SUCCESS\n");
    }

    fclose(fp);
    fp =NULL;
}
```

（2）编写程序完成打开文件"data.txt"，该文件存储于"J:\个人资料\教材\教材编写\大学 C 语言实用教程实验指导与习题\实验源代码\文件\文件\data.txt"中（可根据具体情况自行设定目录），具体要求如下：

为了和转义字符做区分，应该在文件地址"J:\个人资料\教材\教材编写\大学 C 语言实用教程实验指导与习题\实验源代码\文件\文件\data.txt"中每个"\"后面再加一个"\"，程序中地址变为"J:\\个人资料\\教材\\教材编写\\大学 C 语言实用教程实验指导与习题\\实验源代码\\文件\\文件\\data.txt"，程序运行结果如图 9-6 所示。

图 9-6　训练 9-2 的程序
运行结果

```
#include <stdio.h>
main()
{
    FILE *fp=fopen("J:\\个人资料\\教材\\教材编写\\大学 C 语言实用教程实验指导与习题\\
        实验源代码\\文件\\文件\\data.txt", "r");
    if (NULL==fp)
    {
        perror("fopen");
        return 1;
    }
    else
    {
        printf("成功\n");
    }

    fclose(fp);
    fp=NULL;
}
```

4. 实验任务和指导

1）实验目的

（1）理解文件和文件指针的概念。

（2）掌握一般文件的打开和关闭方法。

（3）掌握常用文件的读写基本操作。

（4）掌握文件的定位操作方法。

2）实验内容

【实验 9-1】 从键盘上输入一个字符串,将其中所有大写字母转换成小写字母,再存储到磁盘文件"output.txt"中。

实验类型：程序改错（综合型实验）。

程序设计思路：

（1）利用 gets()函数输入字符串 str。

（2）将 str 串中所有大写字母转换成小写字母。

（3）以只读方式打开文本文件 output.txt。

（4）利用 fputs()函数将转换后的字符串输出到文本文件中,关闭文件。

源程序代码如下：

```c
#include <stdio.h>                          /* 文件名 sy9-1.c */
#include <string.h>
#include <stdlib.h>
main()
{
    char str[80];
    int i=0;
    FILE *fp;
    gets(str);
    while (str[i]!='\0')
    {
        /************************found【1】************************/
        if (str[i]<='Z' || str[i]>='A')
            str[i]+='a'-'A';
        i++;
    }
    printf("转换后的字符串: \n");
    puts(str);
    /************************found【2】************************/
    fp=fopen("result.txt","r");
    if (fp==NULL)
    {
        printf("can't open file.\n");
        exit(0);
    }
    /************************found【3】************************/
    fputs(str,* fp);
    fclose(fp);
}
```

实验结果如图 9-7 所示。

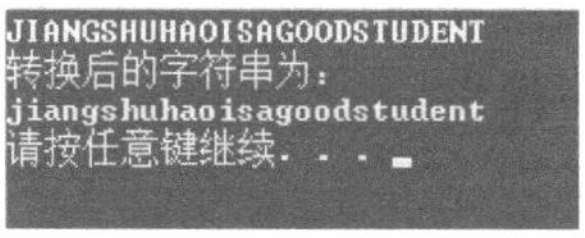

图 9-7　实验 9-1 的运行结果

【实验 9-2】　计算文本文件中的单词总数。

实验类型：程序填空(综合型实验)。

程序设计思路：

(1) 以只读方式打开文本文件。

(2) 利用 fgets()函数循环读入文件中的字符串。

(3) 对读出的字符串,运用一维字符数组来存放键盘输入的字符串。

(4) 从字符数组中依次取出一个字符进行判断,如果遇到空格,表示单词结束,设 word=0;

遇到非空格,如果单词处于还没开始的状态,则新单词开始,设置新单词开始标识,并使单词数加 1。

(5) 关闭文件,输出统计结果。

源程序代码如下：

```c
#include <stdio.h>                          //文件名 sy9-2.c
#include <string.h>
#include <stdlib.h>
main()
{
    char string[200]=" ",str[81];
    int i,num=0,word=0;                     //用来统计单词数量,word=0 表示新单词还没开始
    char c;
    FILE * fp;
        【1】
    if (fp==NULL)
    {
        printf("can't open file.\n");
        exit(0);
    }
    while (fgets(str,81,fp)!=NULL)           //循环读入文件中的字符串
        strcat(string,str);
    fclose(fp);
    printf("文件中文本为: \n");
    puts(string);
    for (i=0;(c=string[i])!='\0';i++)
    {
        if (c==' '||c=='\t'||c=='\n')
            【2】
        else if (word==0)                    //如遇到空格,如果单词处在还没开始的状态,则新单词开始
```

102

```
        {
            word=1;
            【3】 num++;
        }
    }
    printf("一共有%d个单词\n",num);
}
```

实验结果如图 9-8 所示。

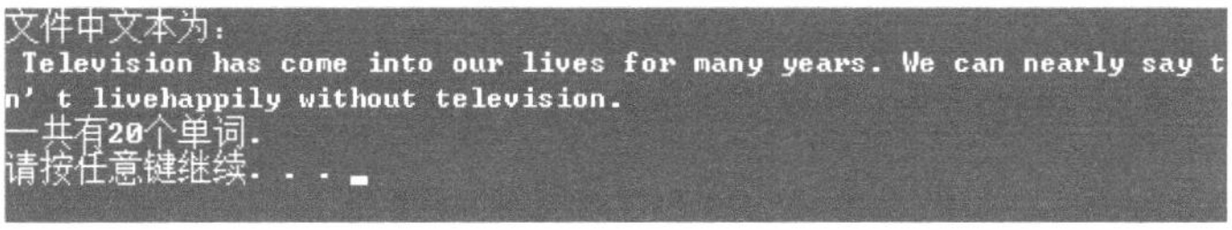

图 9-8　实验 9-2 的运行结果

【实验 9-3】　输入 10 名学生学号、姓名和成绩,要求保存在二进制文件中,通过扫描该文件过滤出成绩高于 90 分的学生记录,并以二进制文件形式保存在 student.dat 文件中。扫描一遍 student.dat 文件,读出成绩高于 90 分的学生记录,不满足此条件的记录直接跳过,把输出结果显示在屏幕上。

实验类型:程序编写(综合型实验)。

程序设计思路:

(1) 通过输入语句将学生信息录入到结构体数组 Studentary 中。

(2) 采用 fwrite 将 Studentary 结构体数组保存在文件中。

(3) 由于每条记录在文件中长度相同,所以采用 fread()函数顺序遍历每条记录,把满足大于 90 分的学生记录显示出来。

源程序代码如下:

```
#include <stdio.h>                          /*文件名 sy9-3.c*/
#include <string.h>
#include <stdlib.h>
struct student_type
{
    int id;
    char name[20];
    float score;
};
void save(struct student_type Studentary[]);
void display(struct student_type Studentary[]);
void filter(struct student_type Studentary[]);
main()
{
    struct student_type Studentary[10];
    int i;
    printf("请输入 10 个学生的学号,姓名,成绩: \n");
    for (i=0;i<10;i++)
```

```
        scanf("%d%s%f",&Studentary[i].id,Studentary[i].name,&Studentary[i].
            score);
    save(Studentary);
    printf("成绩文件中的学生信息是\n");
    display(Studentary);
    printf("90分以上的学生信息是\n");
    filter(Studentary);
}
void save(struct student_type Studentary[])    //将学生信息保存到文件中
{                                               /*补全代码*/




}
void display(struct student_type Studentary[])
                                //将文件中的学生信息读取到数组中并显示
{                               /*补全代码*/




}
void filter(struct student_type Studentary[])
                                //将学生信息中成绩高于90分的输出到屏幕上
{
    int i;
    for (i=0;i<10;i++)
        if (Studentary[i].score>90)
            printf("%10d%20s%10.2f\n",Studentary[i].id,Studentary[i].name,
                Studentary[i].score);
}
```

运行结果如图9-9所示。

【实验9-4】 在所有3位整数中,查找其平方后的结果中存在连续的3位数字与该数字本身相同的数字,将所有符合条件的数字输出并保存到文件 out.txt 中。例如,100 的平方是 10000,符合要求,100 就是要查找的其中一个数字。

实验类型:经典算法探究(综合型实验)。

程序设计思路:

(1) 设计并编写函数 int lookfor(int num[][2]),将所有符合条件的三位数字及其平方数存入数组 num 中,函数返回满足条件的三位数个数。

(2) 首先计算出三位数字的平方,然后将该数字进行拆分,将每位上的数字存放到另外一个数组中,然后从最高位开始,依次将数组中的数字拼接成一个三位数,判断是否与原三

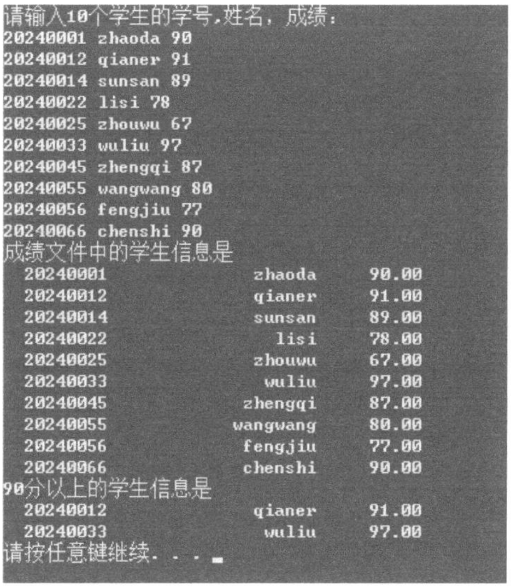

请输入10个学生的学号,姓名, 成绩:
20240001 zhaoda 90
20240012 qianer 91
20240014 sunsan 89
20240022 lisi 78
20240025 zhouwu 67
20240033 wuliu 97
20240045 zhengqi 87
20240055 wangwang 80
20240056 fengjiu 77
20240066 chenshi 90
成绩文件中的学生信息是
20240001   zhaoda   90.00
20240012   qianer   91.00
20240014   sunsan   89.00
20240022   lisi   78.00
20240025   zhouwu   67.00
20240033   wuliu   97.00
20240045   zhengqi   87.00
20240055   wangwang   80.00
20240056   fengjiu   77.00
20240066   chenshi   90.00
90分以上的学生信息是
20240012   qianer   91.00
20240033   wuliu   97.00
请按任意键继续. . . ■

图 9-9　实验 9-3 的运行结果

位数相同,若相同则该数字符合要求,将数字及其平方存放到数组 num 中,如不相同,则循环操作,直到找到或者执行到最低位。

（3）主函数 main()中定义实参数组 num1[][2],完成文件的打开和写入操作,并通过循环语句输出最后符合条件的所有数字。

参考源程序代码如下:

```c
#include <stdio.h>                           //文件名 sy9-4.c
int find(long num[][2]);
main()
{
    long num1[10][2];
    int i,j,k;
    FILE * fp;
    fp=fopen("out.txt","w");
    k=find(num1);
    for (i=0;i<k;i++)
        {
            for (j=0;j<2;j++)
        {
            printf("%ld\t",num1[i][j]);
            fprintf(fp,"%ld\t",num1[i][j]);
        }
    printf("\n");
    fprintf(fp,"\n");
    }
    fclose(fp);
}
int find(long num[][2])
```

```
{
    long m,n,b[10],s;
    int i,j,k,x=0;
    for (n=100;n<1000;n++)
    {
        m=n*n;
        i=0;
        while (m)                        //拆分平方数,存入数组中
        {
            b[i++]=m%10;
            m=m/10;
        }
        for (j=i-1;j>1;j--)              //从最高位开始,依次将数组中相邻的3个数字拼成整数
        {
            s=0;
            for (k=j;k>j-3;k--)
                s=s*10+b[k];
            if (s==n)
                {
                    num[x][0]=n;
                    num[x][1]=n*n;x++;
                }
        }
    }
    return x;
}
```

实验结果如图 9-10 所示。

图 9-10 实验 9-4 的运行结果

经典案例延伸:查找规则为,查找其平方后的结果中存在连续的 3 位数字与该数字本身反序的数字,程序应如何变化? 例如 100 对应查找到数字为 001,程序如何变化?

第三篇

综合课程设计

课程设计目的如下：

（1）掌握变量、数组、指针、函数、结构体、文件的使用方法。

（2）掌握顺序、条件和循环等基本控制结构的使用方法。

（3）掌握使用模块化程序设计方法解决复杂问题的方法。

课程设计案例Ⅰ：大学生实习信息管理程序

1. 需求分析

大学生实习是提升大学生专业实践能力的一种方式，是大学教育极为重要的实践性教学环节。有效地管理大学生实习信息能够让高校及时掌握学生的实习情况，为高校今后的教学实践和就业指导提供建议，因此设计并开发一套大学生实习信息管理程序十分重要。通过对大学生实习信息管理程序的使用人群调查得知，实习信息管理程序必须具有以下功能：

（1）增加实习信息。当有新的实习信息时能够录入实习信息。

（2）删除实习信息。当实习信息无效时能够根据不同的要求完成删除信息，例如按学号删除。

（3）修改实习信息。当实习信息变化时能够根据不同的要求完成修改信息，例如按姓名修改。

（4）查询实习信息。当需要查看实习信息时能够根据不同的要求完成查询信息，例如按实习岗位查询。

（5）统计实习信息。当需要统计实习信息时能够根据不同的统计条件完成统计信息，例如统计平均实习工资。

（6）排序实习信息。当需要对实习信息进行排序时能够根据不同的排序条件完成排序信息，例如按实习工资排序。

2. 功能模块设计

根据需求描述大学生实习信息管理程序的功能结构，该程序包括 6 个功能模块，每个功能模块的描述如图Ⅰ-1 所示。

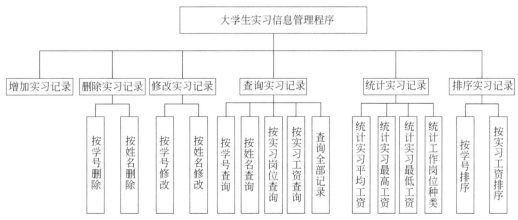

图Ⅰ-1　大学生实习信息管理程序功能结构图

（1）增加实习记录模块。该模块的功能是将新的实习记录数据写入原有的实习记录数据中。新增加的实习记录添加在原有实习记录数据的末尾。

（2）删除实习记录模块。该模块的功能是删除无效的实习记录。可以根据输入的学号或姓名删除指定学生的实习记录。

（3）修改实习记录模块。该模块的功能是对实习记录进行修改。可以根据输入的学号或姓名修改指定学生的实习记录。

（4）查询实习记录模块。该模块的功能是查询实习记录。可以根据输入的学号、姓名、实习岗位或实习工资的范围查询学生的实习记录，也可以查询所有学生的实习记录。

（5）统计实习记录模块。该模块的功能是统计实习记录。可以统计实习平均工资、最高工资和最低工资，也可以统计实习岗位的所有种类。

（6）排序实习记录模块。该模块的功能是对实习记录进行排序。可以按学号或实习工资排序。

3. 数据结构设计

大学生实习信息管理程序的主要信息是学生的实习信息记录。其中，每条记录都包含多种不同类型的数据。程序选择并使用结构类型来处理实习记录，定义了学生结构体，结构体成员包含学号、姓名、实习公司、实习岗位和实习工资等信息。

```
struct 学生{
    成员 1 学号
    成员 2 姓名
    成员 3 实习公司
    成员 4 实习岗位
    成员 5 实习工资
};
```

4. 详细设计

采用模块化程序设计思想对程序进行详细设计。根据功能结构图将程序的功能函数设计分为 6 部分，每部分实现其中的一个模块功能。此外，还设计头文件、菜单文件、公共文件和主文件来支持程序的功能实现。具体函数设计如下。

（1）头文件 student.h。负责定义学生结构体、对函数进行声明。

（2）菜单文件 menu.c。负责显示菜单，menu.c 包含的函数及函数说明如表Ⅰ-1 所示。

表Ⅰ-1　menu.c 包含的函数及函数说明

函　数　名	函　数　说　明
mainMemu()	显示主菜单，菜单内容如下：1.增加记录；2.删除记录；3.修改记录；4.查询记录；5.统计记录；6.排序记录；0.退出
delMemu()	显示删除记录子菜单，菜单内容如下：1.按学号删除；2.按姓名删除；0.返回
modMemu()	显示修改记录子菜单，菜单内容如下：1.按学号修改；2.按姓名修改；0.返回
qyMemu()	显示查询记录子菜单，菜单内容如下：1.按学号查询；2.按姓名查询；3.按实习岗位查询；4.按实习工资查询；5.显示所有实习记录；0.返回
statMemu()	显示统计记录子菜单，菜单内容如下：1. 统计实习平均工资；2.统计实习最高工资；3.统计实习最低工资；4.统计工作岗位种类；0.返回
sortMemu()	显示排序实习记录子菜单，菜单内容如下：1. 按学号排序；2.按实习工资排序；0.返回

（3）公共文件 public.c。负责将学生的实习记录从文件读入程序中，以及当学生的实习记录在程序中变化时将变化后的实习记录重新写入文件中。此外，该文件还负责判断学号是否存在和判断姓名是否存在。该文件共包含 readInfor()、saveInfor()、snoexist() 和 snameexist() 这 4 个函数。函数说明如表Ⅰ-2 所示。

表Ⅰ-2　public.c 包含的函数及函数说明

函　数　名	函　数　说　明
readInfor()	将从文件读记录
saveInfor()	保存记录到文件
snoexist()	判断学号是否存在
snameexist()	判断姓名是否存在

（4）增加实习记录文件 addInfor.c。负责控制增加实习记录的流程和完成增加操作。该文件包含 addManage() 和 addRecord() 这两个函数。函数说明如表Ⅰ-3 所示。

表Ⅰ-3　addInfor.c 包含的函数及函数说明

函　数　名	函　数　说　明
addManage()	控制增加流程
addRecord()	增加实习记录

（5）删除实习记录文件 delInfor.c。负责控制删除实习记录的流程和按不同的方式完成实习记录的删除。该文件包含 delManage()、delBasedSno() 和 delBasedSname() 这 3 个函数。函数说明如表Ⅰ-4 所示。

表Ⅰ-4　delInfor.c 包含的函数及函数说明

函　数　名	函　数　说　明
delManage()	控制删除流程
delBasedSno()	按学号删除
delBasedSname()	按姓名删除

（6）修改实习记录文件 modInfor.c。负责控制修改流程和按不同的方式完成实习记录的修改。该文件包含 modManage()、modBasedSno() 和 modBasedSname() 这 3 个函数。函数说明如表Ⅰ-5 所示。

表Ⅰ-5　modInfor.c 包含的函数及函数说明

函　数　名	函　数　说　明
modManage()	控制修改流程
modBasedSno()	按学号修改
modBasedSname()	按姓名修改

（7）查询实习记录文件 qyInfor.c。负责控制查询流程和按不同的方式完成实习记录的查询。该文件包含 qyManage()、qyBasedSno()、qyBasedSname（）、qyBasedPost()、qyBasedSalary()和 qyAll()这 6 个函数。函数说明如表Ⅰ-6 所示。

表Ⅰ-6　qyInfor.c 包含的函数及函数说明

函　数　名	函　数　说　明
qyManage()	控制查询流程
qyBasedSno()	按学号查询
qyBasedSname()	按姓名查询
qyBasedPost()	按实习岗位查询
qyBasedSalary()	按实习工资查询
qyAll()	显示全部实习记录信息

（8）统计实习记录文件 statInfor.c。负责控制统计流程和按不同的方式完成实习记录的统计。该文件包含 statManage()、statAvgSalary()、statMaxSalary()、statMinSalary()和 statPostl()这 5 个函数。函数说明如表Ⅰ-7 所示。

表Ⅰ-7　statInfor.c 包含的函数及函数说明

函　数　名	函　数　说　明
statManage()	控制统计流程
statAvgSalary()	统计实习平均工资
statMaxSalary()	统计实习最高工资
statMinSalary()	统计实习最低工资
statPost()	统计工作岗位种类

（9）排序实习记录文件 sortInfor.c。负责控制排序流程和按不同的方式完成实习记录信息的排序。该文件包含 sortManage()、sortBasedSno()和 sortBasedSalary()这 3 个函数。函数说明如表Ⅰ-8 所示。

表Ⅰ-8　sortInfor.c 包含的函数及函数说明

函　数　名	函　数　说　明
sortManage()	控制排序流程
sortBasedSno()	按学号排序
sortBasedSalary()	按实习工资排序

（10）主文件 main.c。主文件调用 menu.c 中的 mainMenu()函数加载主菜单,之后,根据用户选择的主菜单编号调用对应的处理函数。选择不同的主菜单编号和对应的处理过程如下。

① 选择主菜单编号"1"。这时将调用 addInfor.c 中的 addManage()函数控制增加流程。addManage()函数的控制步骤如下：首先,调用 readInfor()函数将学生实习记录读入

到结构体数组中,然后调用 addInfor()函数完成实习记录的添加。由于增加了新记录,addInfor()函数需要调用 saveInfor()函数将学生实习记录保存到文件中。

② 选择主菜单编号"2"。这时将调用 delInfor.c 中的 delManage()函数控制删除流程。delManage()函数的控制步骤如下:首先,调用 readInfor()函数将学生实习记录读入到结构体数组中,然后,调用 delMenu()函数显示删除子菜单,之后,根据选择的子菜单编号调用对应的删除函数完成删除操作。由于有新记录被删除,完成删除操作后还需要调用 saveInfor()函数将学生实习记录保存到文件中。

选择不同的子菜单编号将调用不同的删除函数,具体的删除步骤如下:选择子菜单编号"1"时,调用 delBasedSno()函数完成按学号删除的操作;选择子菜单编号"2"时,调用 delBasedSname()函数完成按姓名删除的操作;选择子菜单编号"0"时,退出删除子菜单并返回到主菜单。

③ 选择主菜单编号"3"。这时将调用 modManage()函数控制修改流程。modManage()函数的控制步骤如下:首先,调用 readInfor()函数将学生实习记录读入到结构体数组中,然后,调用 modMemu()函数显示修改子菜单,之后,根据选择的子菜单编号调用对应的修改函数完成修改操作。由于有新记录被修改,完成修改操作后还需要调用 saveInfor()函数将学生实习记录保存到文件中。

选择不同的子菜单编号将调用不同的修改函数,具体的修改步骤如下:选择子菜单编号"1"时,调用 modBasedSno()函数完成按学号修改;选择子菜单编号"2"时,调用 modBasedSname()函数完成按姓名删除;选择子菜单编号"0"时,退出修改子菜单并返回到主菜单。

④ 选择主菜单编号"4"。这时将调用 qyManage()函数控制查询流程。qyManage()函数的控制步骤如下:首先,调用 readInfor()函数将学生实习记录读入到结构体数组中;然后,调用 qyMenu()函数显示查询子菜单,再根据选择的子菜单编号调用对应的查询函数完成查询操作。

选择不同的子菜单编号将调用不同的查询函数,具体的修改步骤如下:选择子菜单编号"1"时,调用 qyBasedSno()函数完成按学号查询;选择子菜单编号"2"时,调用 qyBasedSname()函数完成按姓名查询;选择子菜单编号"3"时,调用 qyBasedPost()函数完成按实习岗位查询;选择子菜单编号"4"时,调用 qyBasedSalary()函数完成按实习工资查询;选择子菜单编号"5"时,调用 qyAll()显示所有的实习记录;选择子菜单编号"0"时,退出查询子菜单并返回到主菜单。

⑤ 选择主菜单编号"5"。这时将调用 statManage()函数控制统计流程。statManage()函数的控制步骤如下:首先,调用 readInfor()函数将学生实习记录读入到结构体数组中,然后,调用 statMenu()函数显示查询子菜单,之后,根据选择的子菜单编号调用对应的统计函数完成统计操作。

选择不同的子菜单编号将调用不同的统计函数,具体的统计步骤如下:选择子菜单编号"1"时,调用 statAvgSalary()函数计算平均工资;选择子菜单编号"2"时,调用 statMaxSalary()函数计算最高工资;选择子菜单编号"3"时,调用 statMinSalary()函数计算最低工资;选择子菜单编号"4"时,调用 statPost()函数统计所有的实习岗位种类;选择子菜单编号"0"时,退出统计子菜单并返回到主菜单。

⑥ 选择主菜单编号"6"。这时将调用 sortManage() 函数控制排序流程。sortManage() 函数的控制步骤如下：首先，调用 readInfor() 函数将学生实习记录读入到结构体数组中；然后调用 sortMemu() 函数显示排序子菜单，再根据选择的子菜单编号调用对应的排序函数完成排序操作。

选择不同的子菜单编号将调用不同的排序函数，具体的统计步骤如下：选择子菜单编号"1"时，调用 sortBasedSno() 函数实现按学号排序；选择子菜单编号"2"时，调用 sortBasedSalary() 函数实现按实习工资排序；选择子菜单编号"0"时，退出排序子菜单并返回到主菜单。另外，完成排序操作后还将调用 saveInfor() 函数将学生实习记录保存到文件中。

5. 程序参考代码

大学生实习信息管理程序的参考代码如下所示。

（1）头文件 student.h。

```
/*********************
文件 student.h 的代码
*********************/
struct student
{
    char sno[10];                    /*学号*/
    char sname[50];                  /*姓名*/
    char company[50];                /*实习公司*/
    char position[50];               /*实习岗位*/
    int salary;                      /*实习工资*/
}stu[100];
```

（2）主文件 main.c。

```
/*********************
文件 Main.c 的代码
*********************/
#include <stdio.h>
#include <stdlib.h>
#include "funstmt.h"
int cnt=0;                          /*定义全局变量存放当前记录数*/
main()
{
    int s;
    while(1)
    {
        s=mainMenu();               /*显示主菜单*/
        switch(s)
        {
            case 1:
                addManage();        /*调用控制增加流程函数*/
                break;
```

```
            case 2:
                delManage();          /* 调用控制删除流程函数 */
                break;
            case 3:
                modManage();          /* 调用控制修改流程函数 */
                break;
            case 4:
                qyManage();           /* 调用控制查询流程函数 */
                break;
            case 5:
                statManage();         /* 调用控制统计流程函数 */
                break;
            case 6:
                sortManage();         /* 调用控制排序流程函数 */
                break;
            case 0:
                printf("结束!\n");
                exit(0);
        }
    }
}
```

（3）菜单文件 menu.c。

```
/*********************
文件 menu.c 的代码
*********************/
#include <stdio.h>
/* 主菜单函数 */
int mainMenu()
{
    int s;
    printf("\n                    [主菜单]                                    ");
    printf("\n----------------------------------------------------");
    printf("\n *           1.增加记录                           * ");
    printf("\n *           2.删除记录                           * ");
    printf("\n *           3.修改记录                           * ");
    printf("\n *           4.查询记录                           * ");
    printf("\n *           5.统计记录                           * ");
    printf("\n *           6.排序记录                           * ");
    printf("\n *           0.退出                               * ");
    printf("\n----------------------------------------------------\n ");
    printf("请输入您的选择(0~6):");
    scanf("%d",&s);
    return s;
}
```

```
/* 删除菜单函数 */
int delMenu()
{
    int s;
    printf("\n                    ［删除记录子菜单］                              ");
    printf("\n--------------------------------------------------- ");
    printf("\n *              1.按学号删除                          * ");
    printf("\n *              2.按姓名删除                          * ");
    printf("\n *              0.返回                                * ");
    printf("\n---------------------------------------------------\n");
    printf("请输入您的选择(0～2):");
    scanf("%d",&s);
    return s;
}
/* 修改菜单函数 */
int modMenu()
{
    int s;
    printf("\n                    ［修改记录子菜单］                              ");
    printf("\n--------------------------------------------------- ");
    printf("\n *              1.按学号修改                          * ");
    printf("\n *              2.按姓名修改                          * ");
    printf("\n *              0.返回                                * ");
    printf("\n---------------------------------------------------  \n");
    printf("请输入您的选择(0～2):");
    scanf("%d",&s);
    return s;
}
/* 查询菜单函数 */
int qyMenu()
{
    int s;
    printf("\n                    ［查询记录子菜单］                              ");
    printf("\n--------------------------------------------------- ");
    printf("\n *              1.按学号查询                          * ");
    printf("\n *              2.按姓名查询                          * ");
    printf("\n *              3.按实习岗位查询                      * ");
    printf("\n *              4.按实习工资查询                      * ");
    printf("\n *              5.显示所有实习记录                    * ");
    printf("\n *              0.返回                                * ");
    printf("\n---------------------------------------------------  \n");
    printf("请输入您的选择(0～5):");
    scanf("%d",&s);
    return s;
}
/* 统计菜单函数 */
int statMenu()
```

```c
{
    int s;
    printf("\n                    [统计记录子菜单]                    ");
    printf("\n---------------------------------------------");
    printf("\n *          1.统计实习平均工资                * ");
    printf("\n *          2.统计实习最高工资                * ");
    printf("\n *          3.统计实习最低工资                * ");
    printf("\n *          4.统计工作岗位种类                * ");
    printf("\n *          0.返回                           * ");
    printf("\n---------------------------------------------\n ");
    printf("请输入您的选择(0～4):");
    scanf("%d",&s);
    return s;
}
/* 排序菜单函数 */
int sortMenu()
{
    int s;
    printf("\n                    [排序记录子菜单]                    ");
    printf("\n--------------------------------------------- ");
    printf("\n *          1.按学号排序                      * ");
    printf("\n *          2.按实习工资排序                  * ");
    printf("\n *          0.返回                           * ");
    printf("\n---------------------------------------------  \n");
    printf("请输入您的选择(0～2):");
    scanf("%d",&s);
    return s;
}
```

(4) 公共文件 public.c。

```c
/**********************
文件 public.c 的代码
**********************/
#include <stdio.h>
#include <stdlib.h>
#include "student.h"
#include "string.h"
extern int cnt;
/* 从文件读记录函数 */
void readInfor()
{
    FILE * fp;
    cnt=0;
    if ((fp=fopen("stuIInfor.txt","r"))==NULL)
    {
        printf("打开文件失败!\n");
```

```
            exit(1);
        }
        while (!feof(fp))
        {
            fscanf(fp, "%s %s %s %s %d\n",&stu[cnt].sno,&stu[cnt].sname,&stu[cnt].
                company,&stu[cnt].position,&stu[cnt].salary);
            cnt++;
        }
        fclose(fp);
}
/*保存记录到文件函数*/
void saveInfor()
{
    FILE * fp;
    int i;
    if ((fp=fopen("stuIInfor.txt","w"))==NULL)
    {
        printf("不能打开文件!\n");
        exit(1);
    }
    else
    {
        for (i=0;i<cnt-1;i++)
        {
            fprintf(fp,"%s%s%s%s%d\n",stu[i].sno,stu[i].sname,stu[i].company,
                stu[i].position,stu[i].salary);
        }
        //最后一条记录的回车不写入文件
        fprintf(fp,"%s%s%s%s%d",stu[i].sno,stu[i].sname,stu[i].company,stu[i].
            position,stu[i].salary);
    }
    fclose(fp);
}
/*判断学号是否存在函数*/
int snoexist(char sno[])
{
    int i;
    int p=-1;
    for (i=0;i<cnt;i++)
    {
        if (strcmp(sno,stu[i].sno)==0)
        {
            p=i;
            break;
```

```c
        }
        else
            continue;
    }
    return p;
}
/* 判断姓名是否存在函数 */
int snameexist(char sname[])
{
    int i;
    int p=-1;
    for (i=0;i<cnt;i++)
    {
        if (strcmp(sname,stu[i].sname)==0)
        {
            p=i;
            break;
        }
        else
            continue;
    }
    return p;
}
```

（5）增加实习记录文件 addInfor.c。

```c
/*********************
文件 addInfor.c 的代码
*********************/
#include <stdio.h>
#include "funstmt.h"
#include "student.h"
extern int cnt;
/* 控制增加流程函数 */
void addManage()
{
    readInfor();
    addInfor();
}
/* 增加实习记录函数 */
void addInfor()
{
    int select;
    while (1)
    {
        printf("学号:");
```

```
        scanf("%s",&stu[cnt].sno);
        if (snoexist(stu[cnt].sno)>=0)
        {
            printf("学号已经存在!\n");
            continue;
        }
        else
        {
            printf("姓名:");
            scanf("%s",&stu[cnt].sname);
            printf("公司:");
            scanf("%s",&stu[cnt].company);
            printf("岗位:");
            scanf("%s",&stu[cnt].position);
            printf("工资:");
            scanf("%d",&stu[cnt].salary);
            cnt++;
            printf("增加记录成功!\n");
            saveInfor();
        }
        printf("是否继续输入记录?(1 Yes/0 No):");
        scanf("%d",&select);
        if (select==0)
            break;
    }
}
```

（6）删除实习记录文件 delInfor.c。

```
/*********************
文件 delInfor.c 的代码
*********************/
#include <stdio.h>
#include "funstmt.h"
#include "student.h"
extern int cnt;
/* 控制删除流程函数 */
void delManage()
{
    int s;
    while (1)
    {
        readInfor();
        s=delMenu();                    /* 调用删除菜单函数 */
        switch(s)
        {
```

```
                case 1:
                    delBasedSno();      /* 调用按学号删除函数 */
                    break;
                case 2:
                    delBasedSname();  /* 调用按姓名删除函数 */
                    break;
                case 0:
                    break;
            }
            if (s==0)
                break;
        }
}
/* 按学号删除函数 */
void delBasedSno()
{
    char tsno[10];
    int i;
    int p=-1;
    printf("请输入要删除的学号:");
    scanf("%s",tsno);
    p=snoexist(tsno);
    if (p<0)
    {
        printf("\n要删除的学号不存在!\n");
    }
    else
    {
        printf("要删除的信息如下所示:\n");
        printf("%s %s %s %s %d\n", stu[p].sno,stu[p].sname,stu[p].company,stu[p].
            position,stu[p].salary);
        for (i=p;i<cnt;i++)
        {
            stu[i]=stu[i+1];
        }
        cnt--;
        printf("删除记录成功!\n");
        saveInfor();
    }
}
/* 按姓名删除函数 */
void delBasedSname()
{
    char tsname[50];
    int i;
```

```
    int p=-1;
    printf("请输入要删除的姓名:");
    scanf("%s",tsname);
    p=snameexist(tsname);
    if (p<0)
    {
        printf("要删除的姓名不存在!\n");
    }
    else
    {
        printf("要删除的信息如下所示:\n");
        printf("%s %s %s %s %d\n", stu[p].sno,stu[p].sname,stu[p].company,stu[p].
            position,stu[p].salary);
        for (i=p;i<cnt;i++)
        {
            stu[i]=stu[i+1];
        }
        cnt--;
        printf("删除记录成功!\n");
        saveInfor();
    }
}
```

（7）修改实习记录文件 modInfor.c。

```
/**********************
文件 modInfor.c 的代码
**********************/
#include <stdio.h>
#include "funstmt.h"
#include "student.h"
/*控制修改流程函数*/
void modManage()
{
    int s;
    while (1)
    {
        readInfor();
        s=modMenu();                    /*调用修改菜单函数*/
        switch(s)
        {
            case 1:
                modBasedSno();      /*调用按学号修改函数*/
                break;
            case 2:
                modBasedSname();  /*调用按姓名修改函数*/
```

```
                break;
            case 0:
                break;
        }
        if (s==0)
            break;
    }
}
/* 按学号修改函数 */
void modBasedSno()
{
    char tsno[10];
    int p=-1;
    printf("请输入要修改的学号:");
    scanf("%s",tsno);
    p=snoexist(tsno);
    if (p<0)
    {
        printf("\n 要修改的学号不存在!\n");
    }
    else
    {
        printf("要修改的信息如下所示:\n");
        printf("%s %s %s %s %d\n", stu[p].sno,stu[p].sname,stu[p].company,stu[p].
            position,stu[p].salary);
        printf("请重新输入信息:\n");
        printf("姓名:");
        scanf("%s",&stu[p].sname);
        printf("公司:");
        scanf("%s",&stu[p].company);
        printf("岗位:");
        scanf("%s",&stu[p].position);
        printf("工资:");
        scanf("%d",&stu[p].salary);;
        printf("修改信息成功!\n");
        saveInfor();
    }
}
/* 按姓名修改函数 */
void modBasedSname()
{
    char tsname[50];
    int p=-1;
    printf("请输入要修改的姓名:");
    scanf("%s",tsname);
```

```
        p=snameexist(tsname);
        if (p<0)
        {
            printf("\n要修改的姓名不存在!\n");
        }
        else
        {
            printf("要修改的信息如下所示:\n");
            printf("%s %s %s %s %d\n", stu[p].sno,stu[p].sname,stu[p].company,stu[p].
                position,stu[p].salary);
            printf("请重新输入信息:\n");
            printf("姓名:");
            scanf("%s",&stu[p].sname);
            printf("公司:");
            scanf("%s",&stu[p].company);
            printf("岗位:");
            scanf("%s",&stu[p].position);
            printf("工资:");
            scanf("%d",&stu[p].salary);;
            printf("修改信息成功!\n");
            saveInfor();
        }
}
```

（8）查询实习记录文件 qyInfor.c。

```
/**********************
文件 qyInfor.c 的代码
**********************/
#include <stdio.h>
#include "funstmt.h"
#include "student.h"
#include "string.h"
extern int cnt;
/*控制查询流程函数*/
void qyManage()
{
    int s;
    while (1)
    {
        readInfor();
        s=qyMenu();                    /*调用查询菜单函数*/
        switch(s)
        {
            case 1:
                qyBasedSno();          /*调用按学号查询函数*/
```

```
                        break;
                case 2:
                    qyBasedSname();      /* 调用按姓名查询函数 */
                    break;
                case 3:
                    qyBasedPost();       /* 调用按实习岗位查询函数 */
                    break;
                case 4:
                    qyBasedSalary();     /* 调用按实习工资查询函数 */
                    break;
                case 5:
                    qyAll();             /* 调用查询所有记录函数 */
                    break;
                case 0:
                    break;
            }
        if (s==0)
            break;
    }
}
/* 按学号查询函数 */
void qyBasedSno()
{
    char tsno[10];
    int i;
    int flag=0;
    printf("请输入要查询的学号:");
    scanf("%s",tsno);
    for (i=0;i<cnt;i++)
    {
        if (strcmp(stu[i].sno,tsno)==0)
        {
            flag=1;
            printf("查询到的信息如下所示:\n");
            printf("%s %s %s %s %d\n", stu[i].sno,stu[i].sname,stu[i].company,
                stu[i].position,stu[i].salary);
        }
    }
    if (flag==0)
        printf("无!\n");
    else
        printf("查询成功!\n");
}
/* 按姓名查询函数 */
void qyBasedSname()
```

```
    {
        char tsname[50];
        int i;
        int flag=0;
        printf("请输入要查询的姓名:");
        scanf("%s",tsname);
        for (i=0;i<cnt;i++)
        {
            if (strcmp(stu[i].sname,tsname)==0)
            {
                flag=1;
                printf("查询到的信息如下所示:\n");
                printf("%s %s %s %s %d\n", stu[i].sno,stu[i].sname,stu[i].company,
                    stu[i].position,stu[i].salary);
            }
        }
        if (flag==0)
            printf("无!\n");
        else
            printf("查询成功!\n");
    }
    /*按实习岗位查询函数*/
    void qyBasedPost()
    {
        char tsposition[50];
        int i;
        int flag=0;
        printf("请输入要查询的实习岗位:");
        scanf("%s",tsposition);
        printf("查询到的信息如下所示:\n");
        for (i=0;i<cnt;i++)
        {
            if (strcmp(stu[i].position,tsposition)==0)
            {
                flag=1;
                printf("%s %s %s %s %d\n", stu[i].sno,stu[i].sname,stu[i].company,
                    stu[i].position,stu[i].salary);
            }
        }
        if (flag==0)
            printf("无!\n");
        else
            printf("查询成功!\n");
    }
```

```c
/* 按实习工资查询函数 */
void qyBasedSalary()
{
    int max,min;
    int i;
    int flag=0;
    printf("请输入要查询的最低工资:\n");
    scanf("%d",&min);
    printf("请输入要查询的最高工资:\n");
    scanf("%d",&max);
    printf("查询到的信息如下所示:\n");
    for (i=0;i<cnt;i++)
    {
        if ((stu[i].salary>=min)&&(stu[i].salary<=max))
        {
            flag=1;
            printf("%s %s %s %s %d\n", stu[i].sno,stu[i].sname,stu[i].company,
                stu[i].position,stu[i].salary);
        }
    }
    if (flag==0)
        printf("无!\n");
    else
        printf("查询成功!\n");
}
/* 显示全部记录函数 */
void qyAll()
{
    int i;
    struct student * p=stu;
    for (i=0;i<cnt;i++)
    {
        printf("%s %s %s %s %d\n",p[i].sno,p[i].sname,p[i].company,p[i].position,
            p[i].salary);
    }
    printf("显示成功!\n");

}
```

(9) 统计实习记录文件 statInfor.c。

```c
/*********************
文件 statInfor.c 的代码
*********************/
#include <stdio.h>
#include "student.h"
```

```
#include "funstmt.h"
#include "string.h"
extern int cnt;
/*控制统计流程函数*/
void statManage()
{
    int s;
    while (1)
    {
        readInfor();
        s=statMenu();              /*调用统计菜单函数*/
        switch (s)
        {
            case 1:
                statAvgSalary();  /*调用统计实习平均工资函数*/
                break;
            case 2:
                statMaxSalary();  /*调用统计实习最高工资函数*/
                break;
            case 3:
                statMinSalary();  /*调用统计实习最低工资函数*/
                break;
            case 4:
                statPost();       /*调用统计工作岗位种类函数*/
                break;
            case 0:
                break;
        }
        if(s==0)
            break;
    }
}
/*统计实习平均工资函数*/
void statAvgSalary()
{
    int i;
    double avg;
    double sum=0;
    for (i=0;i<cnt;i++)
    {
        sum+=stu[i].salary;
    }

    avg=sum/cnt;
    printf("平均实习工资是%.2lf\n",avg);
```

```
}
/*统计实习最高工资函数*/
void statMaxSalary()
{
    int i;
    int max;
    max=stu[0].salary;
    for (i=1;i<cnt;i++)
    {
        if (stu[i].salary>max)
            max=stu[i].salary;
        else
            continue;
    }
    printf("最高实习工资是%d\n",max);
}
/*统计实习最低工资函数*/
void statMinSalary()
{
    int i;
    int min;
    min=stu[0].salary;
    for (i=1;i<cnt;i++)
    {
        if (stu[i].salary<min)
            min=stu[i].salary;
        else
            continue;
    }
    printf("最低实习工资是%d\n",min);

}
/*统计工作岗位种类函数*/
void statPost()
{
    char posn[100][50];
    char curposn[50];
    int i,j,num;
    int flag;
    num=0;
    for (i=0;i<cnt;i++)
    {
        flag=1;
        strcpy(curposn,stu[i].position);
        for (j=0;j<num;j++)
```

```
            {
                if (strcmp(curposn,posn[j])==0)
                {
                    flag=0;
                    break;
                }
                else
                    continue;
            }
            if (flag==1)
                strcpy(posn[num++],curposn);
            else
                continue;
        }
        printf("实习工作岗位种类如下:\n");
        for (i=0;i<num;i++)
            printf("%s\n",posn[i]);
}
```

(10) 排序实习记录文件 sortInfor.c。

```
/*********************
文件 sortInfor.c 的代码
**********************/
#include <stdio.h>
#include <stdlib.h>
#include "student.h"
#include "funstmt.h"
#include "conio.h"
extern int cnt;
/*控制排序流程函数*/
void sortManage()
{
    int s;
    while (1)
    {
        readInfor();
        s=sortMenu();                /*调用排序菜单函数*/
        switch(s)
        {
            case 1:
                sortBasedSno();      /*调用按学号排序函数*/
                break;
            case 2:
                sortBasedSalary();   /*调用按实习工资排序函数*/
```

```
                break;
            case 0:
                break;
        }
        if (s==0)
            break;
    }
}
/*按学号排序函数*/
void sortBasedSno()
{
    int i,j;
    struct student temp;
    struct student *p=stu;
    for (i=0;i<cnt-1;i++)
    {
        for (j=0;j<cnt-i-1;j++)
            if (atoi(p[j].sno)>atoi(p[j+1].sno))
            {
                temp=p[j];
                p[j]=p[j+1];
                p[j+1]=temp;
            }
            else
                continue;
    }
    printf("按学号排序的结果如下所示:\n");
    for (i=0;i<cnt;i++)
        printf("%s %s %s %s %d\n",p[i].sno,p[i].sname,p[i].company,p[i].position,
            p[i].salary);
    saveInfor();
}
/*按实习工资排序函数*/
void sortBasedSalary()
{
    int i,j;
    struct student temp;
    struct student *p=stu;
    for (i=0;i<cnt-1;i++)
    {
        for (j=0;j<cnt-i-1;j++)
            if (p[j].salary>p[j+1].salary)
            {
                temp=p[j];
                p[j]=p[j+1];
```

```
                p[j+1]=temp;
            }
        else
            continue;
    }
    printf("按实习工资排序的结果如下所示:\n");
    for (i=0;i<cnt;i++)
        printf("%s %s %s %s %d\n",p[i].sno,p[i].sname,p[i].company,p[i].position,
            p[i].salary);
    saveInfor();
}
```

6. 运行调试

为了便于程序调试,本案例提前在文件中写入 8 条实习记录,记录信息如图Ⅰ-2 所示。

(1) 主菜单界面。程序执行后进入主菜单界面,如图Ⅰ-3 所示。

图Ⅰ-2　实习记录信息

图Ⅰ-3　主菜单

(2) 增加实习记录界面。选择"1.增加记录"后,根据提示输入记录信息后,程序提示增加记录成功。增加实习记录的界面如图Ⅰ-4 所示。

(3) 删除实习记录界面。选择"2.删除记录"后,程序显示删除记录子菜单,根据子菜单提示可以选择按学号删除和按姓名删除,按学号删除的界面如图Ⅰ-5 所示,按姓名删除的界面如图Ⅰ-6 所示。

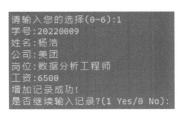

图Ⅰ-4　增加实习记录

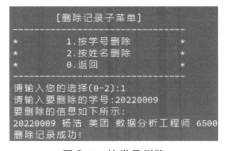

图Ⅰ-5　按学号删除

(4) 修改实习记录界面。选择"3.修改记录"后,程序显示修改记录子菜单,根据子菜单提示可以选择按学号修改和按姓名修改,按学号修改的界面如图Ⅰ-7 所示,按姓名修改的

132

界面如图Ⅰ-8所示。

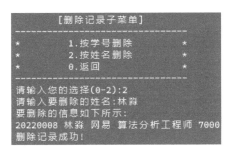

图Ⅰ-6　按姓名删除

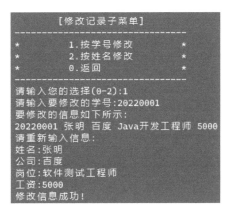

图Ⅰ-7　按学号修改

（5）查询实习记录界面。选择"4.查询记录"后，程序显示查询记录子菜单，根据子菜单提示可以选择按学号查询、按姓名查询、按实习岗位查询、按实习工资查询和显示所有实习记录。不同查询方式的界面如图Ⅰ-9～图Ⅰ-13所示。

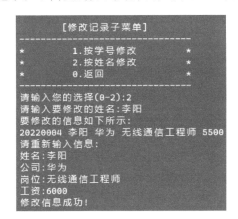

图Ⅰ-8　按姓名修改

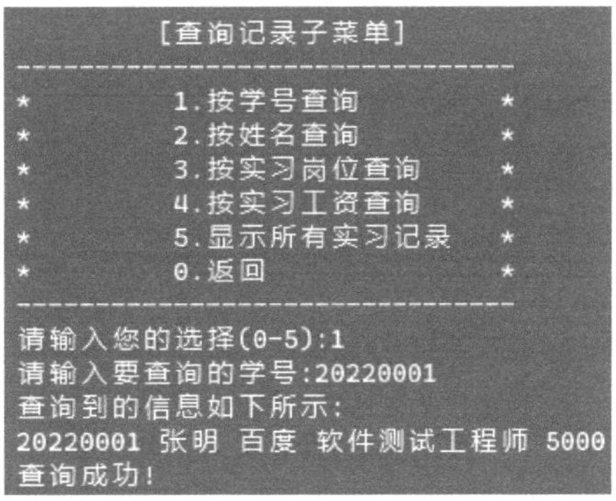

图Ⅰ-9　按学号查询

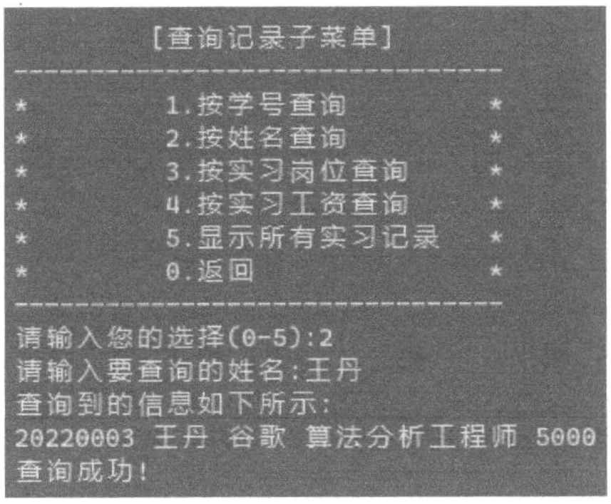

图Ⅰ-10　按姓名查询

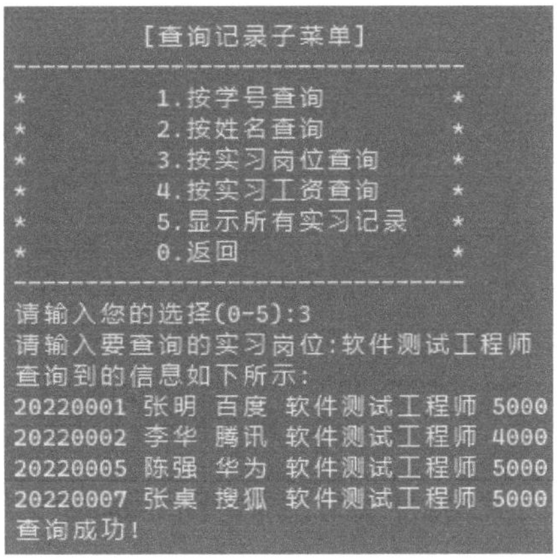

图Ⅰ-11　按实习岗位查询

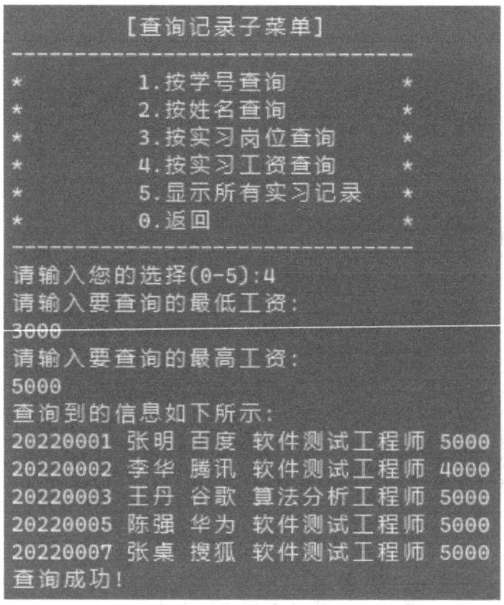

図Ⅰ-12　按实习工资查询　　　　　　　图Ⅰ-13　显示所有实习记录

（6）统计实习记录界面。选择"5.统计记录"后，程序显示统计记录子菜单，根据子菜单提示可以选择统计实习平均工资、统计实习最高工资、统计实习最低工资和统计工作岗位种类。不同统计方式的界面如图Ⅰ-14～图Ⅰ-17所示。

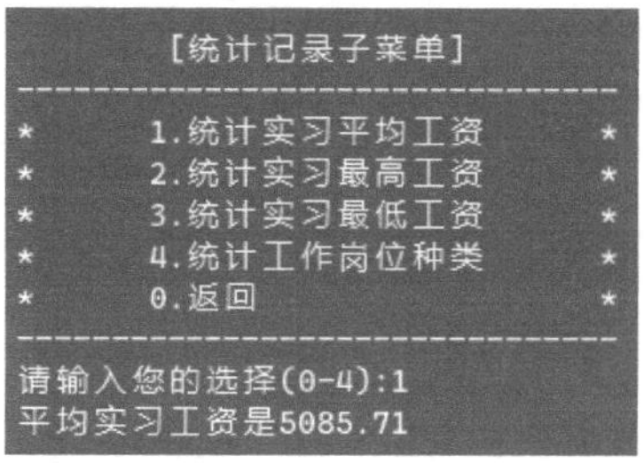

图Ⅰ-14　统计实习平均工资 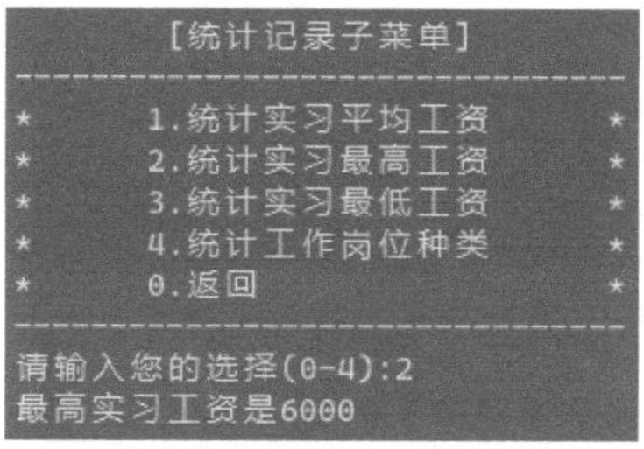　　　　　　图Ⅰ-15　统计实习最高工资

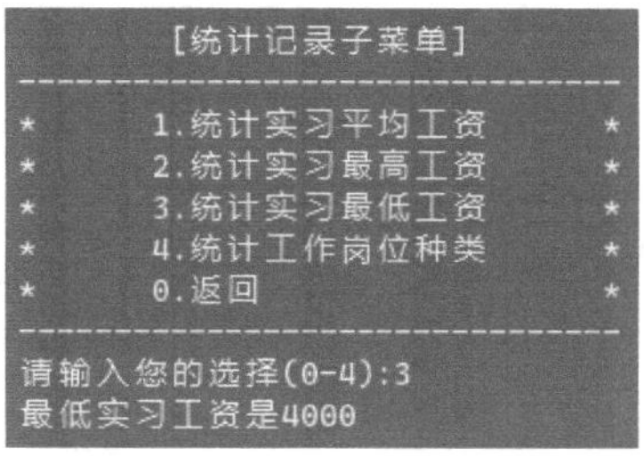

图Ⅰ-16　统计实习最低工资　　　　　　图Ⅰ-17　统计工作岗位种类

（7）排序实习记录界面。选择"6.排序记录"后，程序显示排序记录子菜单，根据子菜单提示可以选择按学号排序和按实习工资排序。按学号排序的界面如图Ⅰ-18所示，按实习工资排序界面如图Ⅰ-19所示。

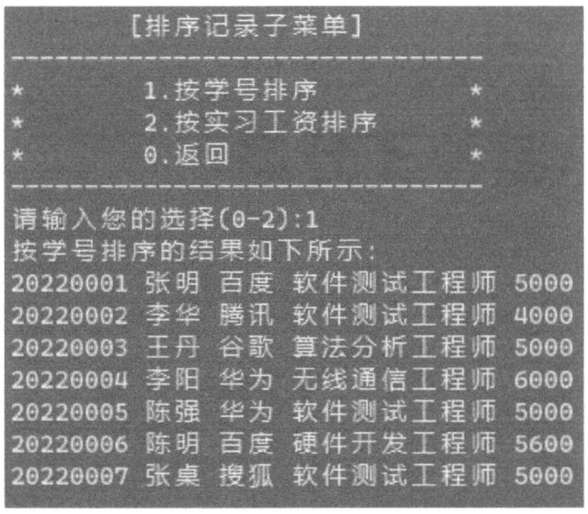

图Ⅰ-18　按学号排序

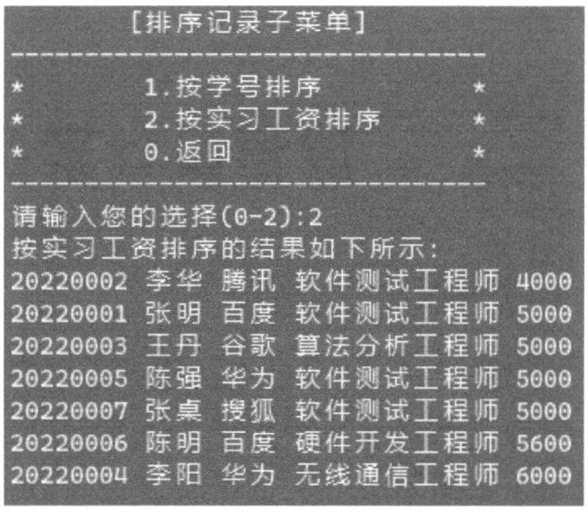

图Ⅰ-19　按实习工资排序

课程设计案例Ⅱ：小麦种子分类

1. 学习思考

数字化的意义

随着我国数字经济的蓬勃发展,互联网信息技术与传统产业的融合已成为推动我国经济增长的重要新动力。在数字化时代下,数字化转型已成为当前中国产业升级的急迫需求,数字化人才成为影响我国经济数字化转型进程的重要因素。数字化人才是指具备较高信息素养,有效掌握数字化相关能力,并将这种能力不可或缺地应用于工作场景的相关人才。数字数据分析等数据治理应用能力是实现数字化转型过程中数字化人才应具备的最基本的实践能力。

2. 需求分析

Kama、Rosa 和 Canadian 是 3 种不同品种的小麦种子。对小麦种子分类时,可以利用人工智能方法分析种子的特征来实现种子的自动分类。种子的特征有区域、周长、压实度、籽粒长度、籽粒宽度、不对称系数和籽粒沟长度等。

K 近邻(K-Nearest Neighbor,KNN)算法是最基础和最常用的分类算法之一,它基于样本之间的相似性对样本的类别进行预测。KNN 认为如果一个样本附近的 K 个近邻的样本的大多数属于某个类别,那么,该样本也属于这个类别。例如,图Ⅱ-1 有正方形和三角形两种类别的样本数据,实心圆圈表示待分类的样本。待分类样本的类别判断如下:当 $K=3$ 时,由于和待分类样本最近的 3 个近邻中有两个三角形、1 个正方形,因此待分类样本被认为是三角形;当 $K=5$ 时,由于和待分类样本最近的 5 个邻居中有 3 个正方形、2 个三角形,因此待分类样本被认为是正方形。

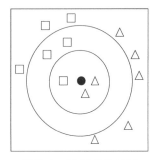

图Ⅱ-1　KNN 分类示例

表Ⅱ-1 给出了 12 条小麦种子的信息,这些数据样本来源于 Seeds 数据集。每条数据样本由 7 个特征属性和 1 个标签组成,其中,7 个特征属性对应小麦种子的 7 个特征。本案例的任务是利用表Ⅱ-1 中的小麦种子样本数据,使用 KNN 算法对表Ⅱ-2 中的 3 条待分类小麦种子进行分类,以确定它们属于哪一类种子,其中,待分类小麦种子的真实类别是 1、2 和 3。表Ⅱ-1 中的数据集称为训练集,表Ⅱ-2 中的数据集称为测试集。

表Ⅱ-1　小麦种子的样本数据

序号	区　域	周长/mm	压实度	籽粒长度/mm	籽粒宽度/mm	不对称系数	籽粒沟长度/mm	类别
1	15.26	14.18	0.871	5.763	3.312	2.221	5.22	1
2	14.88	14.57	0.8811	5.554	3.333	1.018	4.956	1
3	14.29	14.09	0.905	5.291	3.337	2.699	4.825	1

序号	区　域	周长/mm	压 实 度	籽粒长度/mm	籽粒宽度/mm	不对称系数	籽粒沟长度/mm	类别
4	13.84	13.94	0.8955	5.324	3.379	2.259	4.805	1
5	17.63	15.98	0.8673	6.191	3.561	4.076	6.06	2
6	16.84	15.67	0.8623	5.998	3.484	4.675	5.877	2
7	17.26	15.73	0.8763	5.978	3.594	4.539	5.791	2
8	19.11	16.26	0.9081	6.154	3.93	2.936	6.079	2
9	13.07	13.92	0.848	5.472	2.994	5.304	5.395	3
10	13.32	13.94	0.8613	5.541	3.073	7.035	5.44	3
11	13.34	13.95	0.862	5.389	3.074	5.995	5.307	3
12	12.22	13.32	0.8652	5.224	2.967	5.469	5.221	3

表Ⅱ-2　待分类小麦种子的种子数据

序　号	区　域	周长/mm	压实度	籽粒长度/mm	籽粒宽度/mm	不对称系数	籽粒沟长度/mm
1	16.14	14.99	0.9034	5.658	3.562	1.355	5.175
2	16.82	15.51	0.8786	6.017	3.486	4.004	5.841
3	11.82	13.4	0.8274	5.314	2.777	4.471	5.178

3. 分类过程

根据 KNN 算法的思想和人工智能的基础知识,可按照以下步骤完成小麦种子的分类任务。具体步骤如下。

1）处理样本数据

由于数据集中每列的特征值的范围差异可能较大,因此使用人工智能算法前通常需要对数据进行归一化处理,以便消除不同特征间的量纲关系,使各特征值处于同一数量级别。数据处理方法有很多种,例如,min－max 归一化、Log 函数转换等。min－max 归一化是最基本和常用的数据处理方法,它对原始数据进行线性变换,使每列的数值范围缩放到[0,1]区间。min－max 转换函数如下:

$$x' = \frac{x - \min}{\max - \min}$$

其中,max 是样本数据的最大值,min 为样本数据的最小值。本案例选择并使用 min－max 归一化方法处理小麦种子数据。min－max 归一化处理后的训练集和测试集数据如图Ⅱ-2 和图Ⅱ-3 所示。

2）计算测试集种子样本与训练集种子样本的距离

计算测试集中的每个种子样本到每个训练集中的种子样本之间的距离,距离公式使用欧几里得距离公式如下:

$$D(x_i, x_j) = \sqrt{\sum_{z=1}^{n} (x_i^z - x_j^z)^2}$$

归一化的训练集数据如下：
0.441219 0.292517 0.382695 0.557394 0.358255 0.199934 0.325746
0.386067 0.425170 0.550749 0.341262 0.380062 0.000000 0.118524
0.300435 0.261905 0.948419 0.069286 0.384216 0.279375 0.015699
0.235123 0.210884 0.790349 0.103413 0.427830 0.206249 0.000000
0.785196 0.904762 0.321131 1.000000 0.616822 0.508227 0.985086
0.670537 0.799320 0.237937 0.800414 0.536864 0.607778 0.841444
0.731495 0.819728 0.470881 0.779731 0.651090 0.585175 0.773940
1.000000 1.000000 1.000000 0.961737 1.000000 0.318764 1.000000
0.123367 0.204082 0.000000 0.256463 0.028037 0.712315 0.463108
0.159652 0.210884 0.221298 0.327818 0.110073 1.000000 0.498430
0.162554 0.214286 0.232945 0.170631 0.111111 0.827156 0.394035
0.000000 0.000000 0.000000 0.286189 0.000000 0.739737 0.326531

图Ⅱ-2　归一化训练集数据

归一化的测试集数据如下：
0.864000 0.753554 1.000000 0.489331 1.000000 0.000000 0.000000
1.000000 1.000000 0.673684 1.000000 0.903185 0.850128 1.000000
0.000000 0.000000 0.000000 0.000000 0.000000 1.000000 0.004504

图Ⅱ-3　归一化测试集数据

其中，x_i 和 x_j 表示两个样本，x_i^z 表示 x_i 的第 z 个特征的取值，x_j^z 表示 x_j 的第 z 个特征的取值。在此，小麦种子共有 7 个特征，因此 n 取值为 7。图Ⅱ-4 给出了每个测试种子样本到每个训练种子样本之间的距离，其中"（）"里的值表示该训练种子样本的类别。

距离结果如下：
1.155386(1) 0.978968(1) 1.093576(1) 1.119277(1) 1.458161(2) 1.417375(2) 1.203905(2) 1.184909(2) 1.889777(3) 1.861039(3) 1.761350(3) 1.927998(3)
1.505876(1) 1.711656(1) 1.881441(1) 1.914618(1) 0.615327(2) 0.772395(2) 0.615707(2) 0.632193(2) 1.865957(3) 1.699539(3) 1.787699(3) 2.105146(3)
1.268477(1) 1.380959(1) 1.315371(1) 1.244267(1) 2.030297(2) 1.711239(2) 1.795767(2) 2.525873(2) 0.645375(3) 0.694606(3) 0.591333(3) 0.503331(3)

图Ⅱ-4　种子样本间的距离

3）按照距离递增次序对训练种子样本排序

对于测试集中的每个种子样本，按照距离递增的次序对测试集中的种子样本进行排序。排序算法可以使用冒泡排序、选择排序或快速排序等典型的排序算法。图Ⅱ-5 给出了排序结果。

排序结果如下：
0.978968(1) 1.093576(1) 1.119277(1) 1.155386(1) 1.184909(2) 1.203905(2) 1.417375(2) 1.458161(2) 1.761350(3) 1.861039(3) 1.889777(3) 1.927998(3)
0.615327(2) 0.615707(2) 0.632193(2) 0.772395(2) 1.505876(1) 1.699539(3) 1.711656(1) 1.787699(3) 1.865957(3) 1.881441(1) 1.914618(1) 2.105146(3)
0.503331(3) 0.591333(3) 0.645375(3) 0.694606(3) 1.244267(1) 1.268477(1) 1.315371(1) 1.380959(1) 1.711239(2) 1.795767(2) 2.030297(2) 2.525873(2)

图Ⅱ-5　距离排序结果

4）统计 K 近邻，确定测试种子样本类别

种子样本分类结果如下：
第1个种子的种类为1，Kama种子！
第2个种子的种类为2，Rosa种子！
第3个种子的种类为3，Canadian种子！

图Ⅱ-6　种子分类结果

基于排序结果找到与测试种子样本距离最小的 K 个训练种子样本，即 K 近邻。将 K 近邻种子的大多数所属类别设置为测试种子样本的类别。假设 K 取值为 3，那么，根据排序结果可得这 3 个测试种子样本所属种类分别是 1、2 和 3，如图Ⅱ-6 所示。

4. 分类函数

采用模块化程序设计思想对分类任务进行函数设计。根据分类过程将程序的函数设计分为 5 部分，其中第 1 部分为数据集加载，第 2～5 部分分别对应分类过程的每一步。

1）loadData()函数

loadData()函数加载数据集到程序。

2）normalizeData()函数

normalizeData()函数按照 Min-max()函数归一化公式对样本数据进行归一化处理。

3）calDistance()函数

calDistance()函数计算测试集种子样本与训练集种子样本的距离。

4）sort()函数

sort()函数按照距离递增的次序对训练种子样本排序。

5）classfify()函数

classify()函数统计 K 个近邻的所属类别以确定测试种子样本的类别。

5. 程序参考代码

```
/*********************
文件 main.c 的代码
*********************/
#include <stdio.h>
#include <stdlib.h>
#include <math.h>

#define K 3                         /*定义 K 近邻*/
#define FCNT 7                      /*定义种子特征的数量*/
#define TRAIN_CNT 12                /*定义训练种子样本的数量*/
#define TEST_CNT 3                  /*定义测试种子样本的数量*/

float trainset[TRAIN_CNT][FCNT+1];    /*定义二维数组存放训练种子样本的特征和种
类*/
float testset[TEST_CNT][FCNT];        /*定义二维数组存放测试种子样本的特征*/

/*定义邻居结构体*/
struct NBHD
{
    float dist;                       /*距离*/
    float label;                      /*种类*/
}nbhd[TEST_CNT][TRAIN_CNT];

/*从文件读训练集和测试集到二维数组 trainset 和 testset*/
void loadData()
{
    int i,j;
    FILE * fp;
    if ((fp=fopen("seed_data.txt","r"))==NULL)
    {
        printf("打开文件失败!\n");
        exit(1);
    }
    for (i=0;i<TRAIN_CNT;i++)
    {
```

```
        for (j=0;j<FCNT+1;j++)
        {
            fscanf(fp,"%f ",&trainset[i][j]);
        }
    }
    printf("训练集加载完成!\n");
    for (i=0;i<TEST_CNT;i++)
    {
        for (j=0;j<FCNT;j++)
        {
            fscanf(fp,"%f ",&testset[i][j]);
        }
    }
    printf("测试集加载完成!\n");
}
/ * Min-max 归一化处理训练集和测试集 * /
void normalizeData()
{
    int i,j;
    float max,min;                          / * 存储当前列(特征)的最大值和最小值 * /
    for (j=0;j<FCNT;j++)                    / * 归一化训练集数据 * /
    {
        max=0;
        min=trainset[0][j];
        for (i=0;i<TRAIN_CNT;i++)
        {
            if (trainset[i][j]>max)
                max=trainset[i][j];
            if (trainset[i][j]<min)
                min=trainset[i][j];
        }
        for (i=0;i<TRAIN_CNT;i++)
        {
            trainset[i][j]=((trainset[i][j]-min)/(max-min));
        }
    }
    printf("训练集归一化完成!\n");
    for (j=0;j<FCNT;j++)                    / * 归一化测试集数据 * /
    {
        max=0;
        min=testset[0][j];
        for (i=0;i<TEST_CNT;i++)
        {
            if (testset[i][j]>max)
                max=testset[i][j];
```

```
            if (testset[i][j]<min)
                min=testset[i][j];
        }
        for (i=0;i<TEST_CNT;i++)
        {
            testset[i][j]=((testset[i][j]-min)/(max-min));
        }
    }
    printf("测试集归一化完成!\n");
}
/*计算测试种子样本与训练种子样本之间的距离*/
void calDistance()
{
    int i,j,k;
    float tmpdis;
    for (i=0;i<TEST_CNT;i++)
    {
        for (j=0;j<TRAIN_CNT;j++)
        {
            tmpdis=0;
            for (k=0;k<FCNT;k++)
            {
                tmpdis=tmpdis+pow(trainset[j][k]-testset[i][k],2);
            }
            nbhd[i][j].dist=sqrt(tmpdis);
            nbhd[i][j].label=trainset[j][FCNT];
        }
    }
    printf("距离计算完成!\n");
}
/*使用选择排序对训练种子样本排序*/
void sort()
{
    int m,i,j,k;
    struct NBHD t;
    for (m=0;m<TEST_CNT;m++)            /*遍历每个测试种子样本*/
    {
        for (i=0;i<TRAIN_CNT;i++)       /*选择排序*/
        {
            k=i;
            for (j=i+1;j<TRAIN_CNT;j++)
            {
                if (nbhd[m][j].dist<nbhd[m][k].dist)
                    k=j;
            }
```

```
        if (i!=k)
        {
            t=nbhd[m][i];
            nbhd[m][i]=nbhd[m][k];
            nbhd[m][k]=t;
        }
    }
}
/*确定每个测试种子样本的种类*/
void classfify()
{
    int i,j;
    int c1,c2,c3;
    int result;
    printf("种子样本分类结果如下:\n");
    for (i=0;i<TEST_CNT;i++)
    {
        c1=0,c2=0,c3=0;
        for (j=0;j<K;j++)
        {
            if ((int)nbhd[i][j].label==1)
                c1++;
            else
            {
                if ((int)nbhd[i][j].label==2)
                    c2++;
                else
                    c3++;
            }
        }
        result=max(max(c1,c2),c3);
        if (result==c1)
            printf("第%d个种子的种类为1,Kama种子!\n",i+1);
        else
            if (result==c2)
                printf("第%d个种子的种类为2,Rosa种子!\n",i+1);
            else
                printf("第%d个种子的种类为3,Canadian种子!\n",i+1);
    }
    printf("种子分类完成!\n\n\n\n");
}
main()
{
    printf("K=%d\n",K);
```

```
loadData();
normalizeData();
calDistance();
sort();
classfify();
}
```

6. 运行调试

图Ⅱ-7给出了不同 K 值下的程序运行结果。从运行结果可以看出，K 等于 3、5 和 7 时程序对测试种子样本的分类结果相同，3 个测试种子样本都能被正确分类。

(a) 分类结果(K=3)   (b) 分类结果(K=5)

(c) 分类结果(K=7)

图Ⅱ-7 分类结果

本篇是 C 程序设计基
类型、数据运算、程序流程
和编译预处理。本篇共 10
都紧扣教学要求的重点和难
每道题构成基本的 C 程序基
程序设计"课程的教学内容，
此外本篇练习题对准备参加全
者也具有极大使用和参考价值。

如果知识是通向未来的大门，
我们愿意为你打造一把打开这扇门的钥匙！
https://www.shuimushuhui.com|
图书详情 | 配套资源 | 课程视频 | 会议资讯 | 图书出版

清华大学出版社
TSINGHUA UNIVERSITY PRESS

基础知识、基本数据
合结构类型、文件
基础题型，每道题
精心设计和选择，
入掌握"C 语言
供有益的帮助。
序设计的应试

May all your wishes come true

练习 1 简单的 C 程序设计

一、单选题

1. 一个 C 程序由_____组成。

    A. 主程序   B. 子程序   C. 函数   D. 过程

2. 一个 C 语言程序总是从_____开始执行。

    A. 主程序   B. 子程序   C. 主函数   D. 函数

3. 以下叙述正确的是_____。

    A. 在 C 程序中，main() 函数必须位于程序的最前面

    B. C 程序的每一行只能写一条语句

    C. 对一个 C 程序进行编译过程中，可以发现注释中的拼写错误

    D. C 语言本身没有输入输出语句

4. 以下说法正确的是_____。

    A. 在 C 程序运行时，总是从第一个定义的函数开始执行

    B. 在 C 程序运行时，总是从 main() 函数开始执行

    C. C 源程序中的 main() 函数必须放在程序的开始部分

    D. 一个 C 函数中只允许一对花括号

5. 在一个 C 程序文件中，main() 函数的位置_____。

    A. 必须在开始   B. 必须在最后

    C. 必须在库函数之后   D. 可以任意

6. 下面 4 项，错误的是_____。

    A. C 语言的标识符必须全部由字母组成

    B. C 语言不提供输入输出语句

    C. C 语言的注释可以出现在任何位置

    D. C 语言的关键字必须小写

7. 下列标识符，不合法的用户标识符是_____。

    A. Pad   B. a_10   C. _123   D. a♯b

8. 下列标识符，合法的用户标识符是_____。

    A. long   B. 3ab   C. enum   D. day

9. 下列标识符，错误的一组是_____。

    A. Name,char,a_bc,A-B   B. read,Const,type,define

    C. include,integer,Double,short_int   D. abc_d,x6y,USA,print

10. 下列单词，属于关键字的是_____。

    A. include   B. ENUM   C. define   D. union

11. 下列单词，属于关键字的是_____。

    A. Float   B. integer   C. Char   D. signed

12. 下面属于 C 语句的是 _____。

    A. print(" ％d\n",a)　　　　　　　　B. / ＊ This is a statement ＊ /

    C. ＃include＜stdio.h＞　　　　　　　　D. x＝x＋1；

13. 下面单词属于 C 语言保留字的是 _____。

    A. Int　　　　　　　B. typedef　　　　　　　C. ENUM　　　　　　　D. unien

14. 下列标识符中，正确的一组是 _____。

    A. name　　　　char　　　　_abc　　　　A＄

    B. abC)c　　　　5bytes　　　　-USA　　　　_54321

    C. print　　　　const　　　　type　　　　define

    D. include　　　　integer　　　　Double　　　　short_int

15. 以下叙述正确的是 _____。

    A. C 语言规定只有主函数可以调用其他函数

    B. 一个 C 语言的函数中只允许有一对花括号

    C. C 语言中的标识符可以用大写字母书写

    D. 在对程序进行编译的过程中，可发现注释中的拼写错误

二、填空题

1. C 语言源程序文件名的后缀是 ＊.c，经过编译后，生成的文件名后缀是 【1】 。

2. C 语言源的用户标识符可由 3 种字符组成，它们是字母、数字或下画线，并且第一个字符必须是 【2】 和下画线。

3. C 语言是一种编译型的程序设计语言，一个 C 程序的开发过程要经过编辑、编译、【3】 4 个步骤才能得到运行结果，而且不能与关键字相同。

4. C 语言源程序的基本单位是 【4】 。

5. 关键字是 C 语言中有特定意义和用途，不得作为他用的字符序列，其中 ANSI C 标准规定的关键字都必须 【5】 。

6. 【6】 用来表示变量名、数组名、函数名、指针名、结构名、联合名、用户定义的数据类型名及语句标号等用途的字符序列。

7. 下面的程序用 scanf() 函数从键盘接收一个字母，用 printf() 函数显示十进制代码值，将程序填写完整。

```
main()
{
    【7】 ;
    scanf(" %c", &ch);
    printf(" %c", ch);
}
```

8. 下面的程序用 scanf() 函数从键盘接收一个整型数据，用 printf() 函数输出该整型数据，将程序填写完整。

```
main()
{
    int a;
```

```
        scanf("%d", 【8】 );
        printf("%d", a );
}
```

9. 下面的程序功能是从键盘输入一个小写字母,然后输出该字母的大写字母和十进制 ASCII 码值,将程序填写完整。

```
main()
{
    char c1,c2;
    scanf("%c", &c1 );
    c2= 【9】 ;
    printf("%c %d", c2, c2 );
}
```

10. C 语句 x＝10;语句中,"＝"的含义是 【10】 。

11. 函数体由"{"开始,到"}"结束,函数体内的前面是 【11】 ,后面是语句部分。

12. C 语言中的标识符可分为 3 类,它们是 【12】 、用户标识符和预定义标识符。

13. 【13】 在整个程序文件中可以出现在任意位置,main()函数不一定出现在程序的开始处,但是程序的运行必须总是从 main()函数开始。

14. 【14】 是完成某种程序功能(如赋值、输入、输出等)的最小单位,所有的 C 语句都以分号结尾。

15. 将 2.5 赋值给浮点型变量 s 的语句格式是 【15】 。

16. 关键字是 C 语言中有特定意义和用途、不得作为他用的字符序列,其中 ANSI C 标准规定的关键字有 【16】 个。

17. 一组 C 语句用"{}"括住,就构成 【17】 。

18. 在函数名后面的"()",其中放置一个或多个形式参数,简称 【18】 或哑元。

19. C 语句可分为表达式语句、复合语句和 【19】 。

20. 当使用系统提供的库函数时,只要在程序开始使用 ＃ include 【20】 或 ＃ include ＜标题文件＞,就可以调用其中定义的库函数。

练习2 基本数据类型

一、单选题

1. C 语言中允许的基本数据类型包括_____。
   A. 整型、实型、逻辑型
   B. 整型、字符型、逻辑型
   C. 整型、实型、字符型
   D. 整型、实型、逻辑型、字符型

2. C 语言在下列各组数据类型中，满足占用存储空间从小到大的排列是_____。
   A. short int，char，float，double
   B. int，char，float，double
   C. int，unsigned char，long int，float
   D. char，int，float，double

3. C 语言中不同数据类型占用存储空间的大小是_____。
   A. C 语言本身规定的
   B. 任意的
   C. 与计算机机器字长有关
   D. 由用户自己定义的

4. 在 C 语言中，设 short int 型占 2B，下列不能正确存入 int 型变量的常量是_____。
   A. 10
   B. 036
   C. 65536
   D. 0xab

5. C 语言中整型常量包括_____。
   A. 十进制、八进制、十六进制
   B. 十进制、八进制、二进制
   C. 十进制、二进制、十六进制
   D. 二进制、八进制、十六进制

6. 下面 4 组整型常数，错误的一组是_____。
   A. 180，0xff，011，0L
   B. 01，32768u，0671，0x153
   C. xcde，017，0xe，123
   D. 0x48a，0205，0x0，−135

7. 下面 4 组整型常数，合法的一组是_____。
   A. 160，0xbf，011
   B. 0abc，0170a，−123
   C. −01，986012，0668
   D. 0x48a，2e5，0x

8. 下面 4 组常数中，均是正确的八进制或十六进制数的一组是_____。
   A. 016，0xbf，018
   B. 0abc，0170xa
   C. 010，−0x11，0x16
   D. 0A12，7FF，−123

9. 下面选项中，均是合法的浮点数的一组是_____。
   A. −.60，12e−4，−8e5
   B. 1e+1，5e−9.4，03e2
   C. −e3，e−4，5.e−0
   D. 123e，1.2e−.4，+2e−1

10. 不正确的字符串常数是_____。
    A. "abc"
    B. " 12 '12"
    C. " 0"
    D. " "

11. 下面属于 C 合法的字符常数是_____。
    A. '\t '
    B. '\97 '
    C. "A"
    D. "\0"

12. 下列变量定义中合法的是_____。
    A. short _a=1−.1e−1;
    B. double b=1+5e2.5;
    C. long do=0xfdaL;
    D. float 2_and=1−e−3;

13. 下列定义变量的语句中错误的是_____。

    A. int _int   B. double int_   C. char For   D. float US$

14. 下列转义字符中,均合法的一组是_____。

    A. 't ','\\ ','\n '   B. \ ','\017 ','\x '

    C. '\f ','\018 ','\xab '   D. '\\0 ','\101 ','f '

15. 以下叙述不正确的是_____。

    A. 空字符串它只占 1 字节的存储单元

    B. 字符型常量可以存放在字符变量中

    C. 字符串型常量可以存放在字符串变量中

    D. 字符常量可以整数混合运算,字符串常数不可以

16. 当♯define PI 3.14 定义后,下面叙述中正确的是_____。

    A. PI 是一字符串   B. 语法错误

    C. PI 是整型变量   D. PI 是实型变量

17. 以下选项中不属于 C 语言的类型名称是_____。

    A. signed short int   B. unsigned long int

    C. unsigned int   D. long short

18. 在 C 语言中,以下叙述中不正确的是_____。

    A. 在 C 程序中,无论整数还是实数都能准确无误地表示

    B. 在 C 程序中,变量名代表存储器的一个位置

    C. 静态变量的生存周期与整个程序的运行期间相同

    D. C 程序中,变量必须先说明后引用

19. 以下能正确定义变量 a、b、c,并为它们全部赋值的语句是_____。

    A. int a=b=c=5;   B. int a,b,c=5;

    C. int a=5,b=5,c=5;   D. a=5,b=5,c=5;

20. 已知字母' A '的 ASCII 码为十进制数 65,以下程序的输出结果是_____。

```c
main()
{
    char c1, c2 ;
    c1='A'+'5'-'3';
    c2='A'+'6'-'3';
    printf("%d, %c \n", c1,c2);
}
```

    A. 67,D   B. B,C   C. C,D   D. 不定值

21. 下面程序的输出结果是_____。

```c
main()
{
    char c1='B', c2='E';
    printf("%d, %c \n", c2-c1, c2+'a'-'A');
}
```

A. 不确定　　　　B. 2,M　　　　　　C. 2,e　　　　　D. 3,e

22. 下面程序的输出结果是_____。

```
main()
{
    int u=010, v=0x10, w=10;
    printf(" %d, %d,%d \n ", u, v, w);
}
```

　　　A. 10,10,10　　　B. 8,8,10　　　　C. 8,10,10　　　　D. 8,16,10

23. 下面程序的输出结果是_____。

```
main()
{
    int k=15;
    printf("k=%d,k=%o,k=%x\n",k,k,k);
}
```

　　　A. k=15,k=15,k=15　　　　　　B. k=11,k=17,k=17

　　　C. k=15,k=017,k=0xf　　　　　D. k=15,k=17,k=f

24. 有定义 float a, b, c;用 scanf("%f %f %f", &a, &b, &c);语句输入数据,使a、b、c 的值分别为11.0、22.0、33.0,下面键盘输入错误的形式是_____。

　　　A. 11<CR> 22<CR>33<CR>　　　　B. 11.0, 22.0, 33.0<CR>

　　　C. 11.0<CR> 22　33<CR>　　　　D. 11 22 <CR>33<CR>

25. 定义 float y;int x;,用 scanf("i=%d, f=%f %f", &x, &y);语句输入数据,使x,y 的值分别为10,76.5,下面键盘正确的输入形式是_____。

　　　A. 10 76.5<CR>　　　　　　　　B. i=10, f=76.5<CR>

　　　C. 10<CR> 76.5<CR>　　　　　　D. x=10, y=76.5<CR>

26. 以下对 scanf()函数叙述中,正确的是_____。

　　　A. 输入项可以是一个实型常数,如 scanf("%f", 3.3);

　　　B. 只有格式控制没有输入项,也能正确输入数据到内存,如 scanf("a=%d");

　　　C. 当输入一个实型数据时,可以规定小数点的位数,如 scanf("%4.2f", &f);

　　　D. 当输入数据时必须指明变量地址,如 scanf("%f", &f);

27. 有以下程序,若从键盘输入 10A20<CR>,则输出结果是_____。

```
main()
{
    int m=0, n=0; char c='a';
    scanf("%d%c%d", &m, &c, &n);
    printf("%d, %c, %d \n", m, c, n);
}
```

　　　A. 10,a,20　　　B. 10,a,0　　　　C. 10,A,0　　　　D. 10,A,20

28. putchar()函数可以向终端输出一个_____。

　　　A. 字符串　　　　　　　　　　　　B. 字符或字符型变量的值

C. 整型变量的值   D. 实型变量的值

29. x、y、z 被定义为 int 型变量,若从键盘给 x、y、z 输入数据,正确的输入语句是_____。

     A. INPUT,x,y,z;   B. scanf("%d%d%d",&x,&y,&z);

     C. scanf("%d%d%d",x,y,z);   D. read("%d%d%d",&x,&y,&z);

30. 设有定义:

```
int a;float b;
```

执行

```
scanf("%2d%f",&a,&b);
```

语句时若从键盘输入 876 543.0<回车>,a 和 b 的值分别是_____。

     A. 876 和 543.000000   B. 87 和 6.000000

     C. 87 和 543.000000   D. 76 和 543.000000

二、填空题

1. C 语言允许使用的数据类型有 3 类,它们是 【1】 、构造类型和指针类型。

2. C 语言提供的 5 种基本类型关键字是 char、int、float、double 和 【2】 。

3. C 语言源程序的基本单位是 【3】 。

4. C 语言定义的变量,代表内存中的一个 【4】 。

5. 全局变量和 static 型局部变量的初始化是在编译阶段完成的,且初始化在整个程序执行期间被执行 【5】 次。

6. 在 C 语言程序中,把 a 定义成单精度实型变量,并赋值为 1 的语句格式是 【6】 。

7. 定义变量 int i=0,j=0,k=0;,用下面的语句进行输入时,从键盘输入 123.4<CR>,(CR 代表 CR),则变量 i、j、k 的值为 【7】 。

```
scanf("%d ", &i );
scanf(" %d ", &j );
scanf("%d\n ", &k );
```

8. 运行下面的程序,若要使 a=5.0,b=4,c=2,则输入数据的形式为 【8】 。

```
main()
{
    int b,c;
    float a;
    scanf("a=%f ,%d,%d", &a, &b, &c);
    printf(" %f %d %d \n", a,b,c);
}
```

9. 已知如下的定义和输入语句,若要求 a1、a2、c1、c2 的值分别为 10、20、'A '、'B ',则正确的输入方式是 【9】 。

```
int a1,a2,c1,c2;
scanf(" %d,%d%c%c", &a1,&a2, &c1,&c2);
```

10. 已定义变量int i, j; ,若从键盘输入i＝1,j＝2<CR>则使i,j的值分别1、2的输入语句是__【10】__。

11. 以下程序的输出结果是__【11】__。

```
main()
{
    int a=200,b=010;
    printf("%d%d\n", a,b);
}
```

12. 有以下程序,程序运行时输入1234567<CR>,程序的运行结果是__【12】__。

```
main()
{
    int x,y;
    scanf("%2d%1d", &x, &y);
    printf("%d%\n",x+y);
}
```

13. 若整型变量a和b中的值分别为7和9,要求按以下格式输出a和b的值:

a＝7

b＝9

请完成输出语句printf("__【13】__",a,b);。

14. 执行以下程序时输入1234567,则输出结果是__【14】__。

```
main()
{
    int a=1,b;
    scanf("%2d%2d",&a&b);
    printf("%d %d\n",a,b);
}
```

练习3 数 据 运 算

一、单选题

1. 在 C 语言中,要求运算对象必须是整数的运算符是_____。

    A. /　　　　　　　　B. ++　　　　　　　C. %　　　　　　　　D. !=

2. 以下符合 C 语言语法的赋值表达式是_____。

    A. d=9+e+f=d+9　　　　　　　　B. d=9+e, f=d+9

    C. a+=a-=(a=4)*(b=2)　　　　　　D. x! =a+b

3. 以下变量均是整型,且 n=s=7;,则执行表达式 s=n++, s++, ++n 后,s 的值是_____。

    A. 7　　　　　　　　B. 8　　　　　　　　C. 9　　　　　　　　D. 10

4. 若有定义 int a=7; float x=2.5,y=4.7;,则表达式 x+a%3*(int)(x+y)%2/4 的值是_____。

    A. 0.00000　　　　B. 2.500000　　　　C. 2.50000　　　　D. 3.500000

5. 若有定义 int k=7,x=12;,则表达式的值为 3 的是_____。

    A. x%=(k%=5)　　　　　　　　B. x%=(k-k%5)

    C. x%=k-k%5　　　　　　　　D. (x%=k)-(k%=5)

6. 若 x、i、j 和 k 都是 int 变量,则执行表达式 x=(i=4,j=16,k=32)后，x 的值为是_____。

    A. 4　　　　　　　　B. 16　　　　　　　C. 52　　　　　　　　D. 32

7. 设 a、b 均是 double 型变量,且 a=5.5,b=2.5,则表达式(int)a+b/b 的值是_____。

    A. 6　　　　　　　　B. 6.500000　　　　C. 5.500000　　　　D. 6.000000

8. 有定义 int x=13,y=5;,执行

```
printf("%d\n",x%=(y/=2,);
```

则程序输出结果是_____。

    A. 3　　　　　　　　B. 2　　　　　　　　C. 1　　　　　　　　D. 0

9. 下列表达式中,值为 0 的是_____。

    A. 3%5　　　　　　B. 3/5　　　　　　　C. 3/5.0　　　　　　D. 3<5

10. 表达式 18/4*sqrt(4.0)/8 的数据类型为_____。

    A. int　　　　　　　B. double　　　　　　C. float　　　　　　D. 不确定

11. 表达式(int)(3.0/2.0)的值为_____。

    A. 1.5　　　　　　　B. 1　　　　　　　　C. 1.0　　　　　　　D. 0

12. 设 int x=10; 执行

```
x+=x-=x-x;
```

语句后,x 的值为_____。

      A. 30   B. 20   C. 40   D. 10

13. C 语句 x*=y+2;还可以写成_____。

      A. x=2+y*x;   B. x=x*(y+2);   C. x=x*y+2;   D. x=y+2*x;

14. 若变量已经正确定义,将 a 和 b 的数进行交换,下列不正确的语句组是_____。

      A. a=a+b, b=a−b, a=a−b;   B. a=t, t=b, b=a;

      C. t=a, a=b, b=t;   D. t=b, b=a, a=t;

15. 设 a=3;,则表达式 a<1&&−−a>1 的运算结果和 a 的值分别是_____。

      A. 0 和 3   B. 0 和 2   C. 1 和 2   D. 1 和 3

16. 数学表达式为 x≥y≥z,书写为 C 语言表达式为_____。

      A. (x>=y)&&(y>=z)   B. (x>=y)AND(y>=z)

      C. x>=y>=z   D. (x>=y)&(y>=z)

17. 已知

```
int x=43,y=0; char c='A';
```

则表达式(x>=y && c< 'B' &&! y)的值是_____。

      A. 1   B. 0   C. 语法错   D. −1

18. 为表示变量 a, b 大于 0,正确的 C 语言表达式是_____。

      A. (a>0)&&(b>0)   B. a &&b

      C. (a>0)|(b>0)   D. (a>0)||(b>0)

19. 下面程序的输出结果是_____。

```
main()
{
    int a=-1,b=4,k;
    K=(a++<=0)&&(!b--<=0);
    printf("%d %d %d", k, a, b,);
}
```

      A. 1 0 3   B. 0 0 3   C. 0 1 2   D. 1 1 2

20. 有定义

```
int a=3,b=4, c=5;
```

则以下表达式的值为 0 的是_____。

      A. a<=b   B. !(a<b)&&!c||1

      C. a &&b   D. a||b+c&&b−c

21. 整型变量 x 和 y 的值相等且非 0 值,则以下选项中结果为 0 的表达式是_____。

      A. x||y   B. x |y   C. x ^y   D. x &y

22. 设 int b=2;,表达式(b<<2)/(b>>1)的值是_____。

      A. 8   B. 4   C. 2   D. 0

23. sizeof(double)是_____。

A. 一个不合法的表达式   B. 一个函数调用

C. 一个双精度表达式   D. 一个整型表达式

24. 下面属于 C 语句的是_____。

    A. printf("％d\n",a)   B. ＃include ＜stdio.h＞

    C. ｛a＝b；b＝c；c＝a；｝   D. ／＊ this is a program ＊／

25. 已知 ch 是字符型变量,则下面正确的赋值语句是_____。

    A. ch＝'123';   B. ch＝'\xff';   C. ch＝'\08';   D. ch＝"\";

26. 设 x 和 y 均为整型变量,则执行以下语句的功能是_____。

x+＝y；y＝x-y；x-＝y；

    A. 把 x 和 y 从大到小排列   B. 把 x 和 y 从小到大排列

    C. 无确定结果   D. 交换 x 和 y 的值

27. 下面程序的输出为_____。

```
main()
{
    int a;
    printf("%d\n",(a=3*5,a*4,a+5));
}
```

    A. 65   B. 20   C. 15   D. 10

28. printf()函数中用到格式符"％5s",其中数字 5 表示输出的字符串占用 5 列,如果字符串长度大于 5,则输出方式是_____。

    A. 从左起输出该字符串,右补空格   B. 按原字符串长从左向右全部输出

    C. 右对齐输出该字符串，左补空格   D. 输出错误信息

29. 已有定义 int x；float y；且执行语句

    scanf("%3d,%f",&x,&y);

时,若从第一列开始输入数据 12345,678＜CR＞,则 x 的值为_____。

    A. 12345   B. 123   C. 45   D. 345

30. 已有定义 int x；float y；且执行语句

    scanf("%3d,%f",&x,&y);

时，若从第一列开始输入数据 12345,678＜CR＞,则 y 的值为_____。

    A. 45   B. 不确定   C. 678   D. 45678

31. 设有输入语句

    scanf("a=%d,b=%d,c=%d",&a,&b,&c);

为使变量 a 的值为 1，b 的值为 3，c 的值为 2,则从键盘输入数据的正确形式是_____。

    A. 132＜CR＞   B. 1,3,2＜CR＞

    C. a＝1 b＝3 c＝2＜CR＞   D. a＝1,b＝3,c＝2＜CR＞

32. 下面程序运行时,若从键盘输入的数据形式为 25 13 10＜CR＞,则正确的输出结果

是_____。

```
main()
{
    int x, y, z;
    scanf("%d%d%d", &x, &y, &z);
    printf("x+y+z=%d\n", x+y+z);
}
```

　　A. x＋y＋z＝48　　　　　　　　B. x＋y＋z＝35

　　C. 不确定值　　　　　　　　　　D. x＋z＝35

33. 若有定义

```
double a=22; int i=0,k=18;
```

则不符合 C 语言规定的赋值语句是_____。

　　A. a＝a＋＋，i＋＋；　　　　　B. i＝(a＋k)≤＝(i＋k)；

　　C. i＝a％11；　　　　　　　　D. i＝！a；

　　二、填空题

　　1. 以下程序的输出结果是 【1】 。

```
main()
{
    int a=3;
    a+=a-=a*a;
    printf("%d\n",a);
}
```

　　2. 写出以下程序的输出结果 【2】 。

```
main()
{
    int x=12,y;
    y=x++;
    printf("%d,%d,%d\n",x+y,x++,y++);
}
```

　　3. 写出以下程序的输出结果 【3】 。

```
main()
{
    int x=6;
    printf("%d\n",x+=x++,++x);
}
```

　　4. 写出以下程序的输出结果 【4】 。

```
main()
{
```

```
int x=100;
printf("%d\n",x>=100);
}
```

5. 写出以下程序的输出结果 【5】 。

```
main()
{
    int x=5,y;
    float a;
    y=2.75+x/2+(float)(x/2.0);
    a=2.75+x/2.0+(float)(x/2);
    printf("%d,%2.2f\n",y,a);
}
```

6. 设 x 为 int 型变量,请写出一个关系表达式 【6】 ,用以判断 x 同时为 3 和 7 的倍数时,关系表达式的值为真。

7. 写出以下程序的输出结果 【7】 。

```
main()
{
    double x=17;
    int y;
    y=(int)(x/5)%2;
    printf("%d\n",y);
}
```

8. 写出以下程序的输出结果 【8】 。

```
main()
{
    int x=20;
    printf("%d,",0<x<20);
    printf("%d\n",0<x&&x<9);
}
```

9. 已知字符 A 的 ASCII 代码值为 65,以下程序运行时若从键盘输入 B33<CR>,则输出结果是 【9】 。

```
main()
{
    char a,b;
    a=getchar();
    scanf("%d",&b);
    a=a-'A'+'0';
    b=b*2;
    printf("%c %c\n",a,b);
}
```

10. 已知字母 A 的 ASCII 码为 65，以下程序运行后的输出结果是 ___【10】___ 。

```
main()
{
    char a,b;
    a='A'+'5'-'3';
    b=a+'6'-'2';
    printf("%d %c\n",a,b);
}
```

练习4 程序流程控制

一、单选题

1. 已知 int x＝10,y＝20,z＝30；则执行以下语句后,x、y、z 的值是_____。

```
if (x>y)
    z=x;
x=y;
y=z;
```

    A. x＝10,y＝20,z＝30   B. x＝20,y＝30,z＝30

    C. x＝20,y＝30,z＝10   D. x＝20,y＝30,z＝20

2. 执行下面程序的输出结果是_____。

```
main()
{
    int a=5,b=0,c=0;
    if (a=a+b)
        printf("* * * * \n");
    else
        printf("####\n");
}
```

    A. 有语法错误不能编译   B. 能通过编译,但不能通过连接

    C. 输出 * * * *   D. 输出 ＃＃＃＃

3. 以下不正确的 if 语句是_____。

    A. if (x＞y) printf("％d\n",x);

    B. if (x＝y;)＆＆(x! ＝0) x＋＝y;

    C. if (x! ＝y) scanf("％d", ＆x); else scanf("％d",＆y);

    D. if (x＜y) { x＋＋; y＋＋;}

4. 若有条件表达式 x？a＋＋ ：b－－,则以下表达式中能完全等价于表达式 x 的是_____。

    A. (x＝＝0)   B. (x! ＝0)   C. (x＝＝1)   D. (x! ＝1)

5. 若运行下面程序时,给变量 a 输入 15,则输出结果是_____。

```
main()
{
    int a,b;
    scanf("%d", &a);
    b=a>15?a+10:a-10;
    printf("%d\n", b);
}
```

A. 5   B. 25   C. 15   D. 10

6. 以下选项中,两条条件语句语义等价的是_____。

A. `if (a=2) printf("%d\n", a);`
   `if (a==2) printf("%d\n", a);`

B. `if (a-2) printf("%d\n", a);`
   `if (a!=2) printf("%d\n", a);`

C. `if (a) printf("%d\n", a);`
   `if (a==0) printf("%d\n", a);`

D. `if (a-2) printf("%d\n", a);`
   `if (a==2) printf("%d\n", a);`

7. 下列程序执行后的输出结果是_____。

```
main()
{
    int x, y=1, z;
    if ((z=y)<0) x=4;
    else if (y==0) x=5;
    else x=6;
    printf("%d,%d\n", x,y);
}
```

A. 4,1   B. 6,1   C. 5,0   D. 出错信息

8. 下列程序的执行结果是_____。

```
main()
{
    int x=0, y=1, z=0;
    if (x=z=y) x=3;
    printf("%d,%d\n", x,z);
}
```

A. 3,0   B. 0,0   C. 0,1   D. 3,1

9. 运行下面程序时,若从键盘输入 3,4<CR>,则程序的输出结果是_____。

```
main()
{
    int a, b, s;
    scanf("%d,%d", &a,&b);
    s=a;
    if (s<b) s=b;
    s=s*s;
    printf("%d\n", s);
}
```

A. 14   B. 16   C. 18   D. 20

10. 下面程序的运行结果是_____。

```
main()
{
    int x=100, a=10, b=20, ok1=5, ok2=0;
```

```
    if (a<b)
        if (b!=15)
            if (!ok1) x=1;
            else
                if (ok2) x=10;
            x=-1;
    printf("%d\n",x);
}
```

  A. －1   B. 0   C. 1   D. 不确定的值

11. 下面程序运行时,若从键盘输入"5＜CR＞",则输出结果是_____。

```
main()
{
    int a;
    scanf("%d", &a);
    if (a++>5) printf("%d\n", a);
    else printf("%d\n", a--);
}
```

  A. 7   B. 6   C. 5   D. 4

12. 执行下面程序段后的输出结果是_____。

```
int x=1, y=1, z=1;
x+=y+=z;
printf("%d\n", x<y?y:x);
```

  A. 3   B. 2   C. 1   D. 4

13. 运行下面程序时,从键盘输入"H",则输出结果是_____。

```
main()
{
    char ch;
    ch=getchar();
    switch(ch)
    {
        case 'H': printf("Hello!\n ");
        case 'G': printf("Good morning!\n");
        defualt : printf("Bye_Bye!\n");
    }
}
```

  A. Hello!   B. Hello!
                  Good Morning!

  C. Hello!   D. Hello!
   Good morning!   Bye_bye!
   Bye_Bye!

14. 下面程序的输出结果是_____。

```
main()
{
    int x=2, y=-1, z=2;
    if (x<y)
        if (y<0) z=0;
    else z+=1;
    printf("%d\n",z);
}
```

A. 3   B. 1   C. 2   D. 0

15. 运行下面程序时,若从键盘输入"2.0<CR>",则输出结果是_____。

```
main()
{
    float a,b;
    scanf("%f",&a);
    if (a<0.0) b=0.0;
    else if ((a<0.5)&&(a!=2.0)) b=1.0/(a+2.0);
    else if (a<10.0) b=1.0/2;
    else b=10.0;
    printf("%f\n", b);
}
```

A. 0.000000   B. 0.500000   C. 1.000000   D)0.250000

16. 执行以下程序的输出结果是_____。

```
main()
{
    int k=4, a=3, b=2, c=1;
    printf("%d\n", k<a?k:c<b?c:a);
}
```

A. 4   B. 3   C. 2   D. 1

17. 运行下面程序时,若输入"2,13,5<CR>",则输出结果是_____。

```
main()
{
    int a, b, c;
    scanf("%d,%d,%d",&a, &b, &c);
    switch (a)
    {
        case 1: printf("%d\n",b+c); break;
        case 2: printf("%d\n",b-c); break;
        case 3: printf("%d\n",b*c); break;
        case 4: {   if (c!=0) { printf("%d\n",b/c); break; }
```

```
                else { printf("error\n"); break;}
            }
        default: break;
    }
}
```

    A. 10   B. 8   C. 65   D. error

18. 运行下面程序时,若输入的数据为"3,7,1<CR>",则输出结果是_____。

```
main()
{
    float a,b,c,t;
    scanf("%f,%f,%f",&a,&b,&c);
    if (a>b)    {  t=a,a=b,b=t;  }
    if (a>c)    {  t=a,a=c,c=t;  }
    if (b>c)    {  t=b,b=c,c=t;  }
    printf("%5.2f\n%5.2f\n%5.2f\n",a,b,c);
}
```

    A. 7.00   B. 1.00   C. 1   D. 7

        3.00   3.00   3   3

        1.00   7.00   7   1

19. 运行下列程序时,若输入数据为 123<CR>,则输出结果是_____。

```
main()
{
    int num,i,j,k,place;
    scanf("%d",&num);
    if (num>99) place=3;
    else if (num>9) place=2;
    else place=1;
    i=num/100;
    j=(num-i*100)/10;
    k=(num-i*100-j*10);
    switch (place)
    {
        case 3: printf("%d%d%d\n",k,j,i); break;
        case 2: printf("%d%d%d\n",k,j);
        case 1: printf("%d\n",k);
    }
}
```

    A. 123   B. 1,2,3   C. 321   D. 3,2,1

20. 以下程序的运行结果是_____。

```
main()
```

```
{
    int a=0, b=1, c=0, d=20, x;
    if (a) d=d-10;
    else if (!b)
        if (!c) x=15;
        else x=25;
    printf("%d\n",d);
}
```

  A. 15   B. 25   C. 20   D. 10

21. 运行下面程序段时,若从键盘输入字母 b<CR>,则输出结果是_____。

```
main()
{
    char c;
    c=getchar();
    if (c>='a'&&c<='u') c=c+4;
    else if (c>='v'&&c<='z') c=c-21;
    else printf("input error!\n");
    putchar(c);
}
```

  A. g   B. w   C. f   D. d

22. C 语言中,while 和 do…while 循环的主要区别是_____。

  A. do…while 的循环体不能是复合语句   B. do…while 允许从循环体外转到循环体内

  C. while 的循环体至少被执行一次   D. do…while 的循环体至少被执行一次

23. 下面关于 for 循环的正确描述是_____。

  A. for 循环只能用于循环次数已经确定的情况

  B. for 循环的循环体可以是一个复合语句

  C. 在 for 循环中,不能用 break 语句跳出循环体

  D. for 循环的循环体不能是一个空语句

24. 以下循环语句的循环次数是_____。

```
for (i=2;i==0;)  printf("%d",i--);
```

  A. 无限次   B. 0 次   C. 1 次   D. 2 次

25. 以下不是无限循环的语句是_____。

  A. for(y=0,x=1;x>++y;x=i++) i=x;

  B. for(; ; x++);

  C. while(1) { x++; }

  D. for(i=10; ; i--) sum+=i;

26. 执行语句

```
for (i=1;i++<4;);
```

后,变量 i 的值是_____。

A. 3   B. 4   C. 5   D. 不定

27. 下面程序段,不是死循环的是_____。

  A.

```
int i=100;
while (2)
{
    i=i%100+1;
    if(i>=100) break;
}
```

  B.

```
for( ; ; );
```

  C.

```
int k=0;
do { ++k; } while (k>=0);
```

  D.

```
int s=45;
while (s); s--;
```

28. 下面程序的运行结果是_____。

```
main()
{
    int i,b,k=0;
    for (i=1; i<=5; i++) { b=i%2; while (b-->=0) k++; }
    printf("%d,%d\n",k,b);
}
```

  A. 3,-1   B. 8,-1   C. 3,0   D. 8,-2

29. 以下叙述正确的是_____。

  A. continue 语句的作用是结束整个循环的执行

  B. 只能在循环体内和 switch 语句体内使用 break 语句

  C. 在循环体内使用 break 语句或 continue 语句的作用相同

  D. 从多层循环嵌套中退出时,只能使用 goto 语句

30. 对以下程序段,描述正确的是_____。

```
int x=0, s=0;
while (!x!=0) s+=++x;
printf("%d",s);
```

  A. 运行程序段后输出 0   B. 运行程序段后输出 1

  C. 程序段中的测试表达式是非法的   D. 程序段循环无数次

31. 以下程序段的叙述中正确的是_____。

```
int k=0;
while (k=0) k=k-1;
```

A. while 循环执行 10 次　　　　　　　B. 无限循环

C. 循环体一次也不被执行　　　　　D. 循环体被执行一次

32. 下面程序段的运行结果是_____。

```
x=0; y=0;
while (x<15) y++, x+=++y;
printf("%d,%d",y,x);
```

　　A. 20,7　　　　　B. 6,12　　　　　C. 20,8　　　　　D. 8,20

33. 下面程序段中描述正确的是_____。

```
x=1;
do
{  x=x*x;  }
while (!x);
```

　　A. 无限循环　　　B. 循环执行两次　　　C. 循环执行一次　　　D. 有语法错误

34. 下面程序的运行结果是_____。

```
main()
{
    int a=1, b=10;
    do
    {
        b-=a; a++;} while (b--<0);
        printf("%d,%d\n",a,b);
    }
}
```

　　A. 3,11　　　　　B. 2,8　　　　　C. 1,−1　　　　　D. 4,9

35. 下面程序的运行结果是_____。

```
main()
{
    int x=3, y=6, a=0;
    while (x++!=(y-=1))
    {
        a+=1;
        if (y<x) break;
    }
    printf("%d,%d,%d\n",x,y,a);
}
```

　　A. 4,4,1　　　　　B. 5,5,1　　　　　C. 4,4,3　　　　　D. 5,4,1

二、填空题

1. 以下程序的输出结果是 　【1】　 。

```
main()
```

```
{
    int a=4,b=5,t=6;
    if (a>b) t=a;a=b;b=t;
    printf ("%d %d\n",a,b);
}
```

2. 程序运行后,若从键盘输入"65 14<CR>",则输出结果是 __【2】__ 。

```
main()
{
    int m,n;
    scanf("%d%d",&m,&n);
    while (m!=n)
    {
        while (m>n) m=m-n;while (m<n) n=n-m;
    }
    printf("m=%d\n",m);
}
```

3. 以下程序的输出结果是 __【3】__ 。

```
main()
{
    int i=1,s=0;
    do
    {
        if (s>4) break;
        s+=2;   i++;
    }while (i<=5);
    printf("s=%d,i=%d\n",s,i);
}
```

4. 以下程序的输出结果是 __【4】__ 。

```
main()
{
    int i=1,s=0;
    for (i=1;i<=10;i++)
    {
        if (i%2==0) continue;
        printf("%d ",i);
    }
}
```

5. 以下程序的输出结果是 __【5】__ 。

```
main()
{
    int i,sum=0;
```

```
        for (i=1;i<=10;i+=2) sum+=i;
        printf("sum=%d\n",i);
    }
```

6. 下面程序的运行结果是　　【6】　　。

```
main()
{
    int x=10,y=10,i;
    for (i=0;x>8;y=++i) pintf("%d %d ",x--,y);
}
```

7. 打印所有的"水仙花数"。所谓"水仙花数"是指其各位数字的立方和等于该数本身，如 $153 = 1^3 + 5^3 + 3^3$。请将程序填写完整。

```
main()
{
    int i,j,k,n;
    for (n=100;n<1000;n++)
    {
        i=n/100;
        j=　【7】　;
        k=n%10;
        if (n==i*i*i+j*j*j+k*k*k) printf("%d ",n);
    }
}
```

8. 计算 s＝1！＋2！＋ … ＋20！，请将程序填写完整。

```
main()
{
    int i,s=0,t=1;
    for (i=1;i<=5;i++)
    {
        t=　【8】　;
        s+=t;
    }
    printf("s=%d\n",s);
}
```

9. 运行下面的程序，从键盘输入 2，程序的运行结果是　　【9】　　。

```
main()
{
    int x;
    scanf("%d",&x);
    switch(x)
    {
        case 4: printf("Excellent!");
```

```
        case 3: printf("Good!");
        case 2: printf("Pass!");
        case 1: printf("Fail!");
    }
}
```

10. 以下程序的输出结果是　【10】　。

```
main()
{
    int a=2,b=3,c=4;
    if (a>b) if (b>c) c=0;
    else c++;
    printf("%d\n",c);
}
```

11. 以下程序的运行结果是　【11】　。

```
main()
{
    int a=2,b=7,c=5;
    switch(c>0)
    {
        case 1: switch(b<10)
        {
            case 1: printf("Test ");break;
            case 0: printf("Execise ");break;
        }
        case 0: switch(c==5)
        {
            case 0: printf("are also ");break;
            case 1: printf("are ");break;
            default: printf("are both");break;
        }
        default: printf("checked");
    }
    printf("!");
}
```

12. 以下程序的运行结果是　【12】　。

```
main()
{
    int x=1000;
    if (x>1000) printf("%d\n",x>1000);
    else printf("%d\n",x<=1000);
}
```

13. 以下程序的运行结果是 ___【13】___ 。

```
main()
{
    int a=1,b=2,c=3,d=0;
    if (a==1)
        if (b!=2)
            if (c==3) d=1;
            else d=2;
        else if (c!=3) d=3;
        else d=4;
    else d=5;
    printf("%d\n",d);
}
```

14. 下面程序的功能是将数值为三位正整数的变量 x 中的数值按照个位、十位、百位的顺序拆分并输出，请将程序填写完整。

```
main()
{
    int x=256;
    printf("%d-%d-%d\n", ___【14】___ ,x/10%10,x/100);
}
```

15. 以下程序的运行结果是 ___【15】___ 。

```
main()
{
    int a=1,b=7;
    do
    { b=b/2;a+=b; } while (b>1);
    printf("%d\n",a);
}
```

16. 有以下程序，程序运行输入 65<CR>后，能否输出结果结束运行？（请回答能或不能） ___【16】___ 。

```
main()
{
    char c1,c2;
    scanf("%c",&c1);
    while (c1<65||c1>90) scanf("%c",&c1);
    c2=c1+32;
    printf("%c, %c\n",c1,c2);
}
```

17. 以下程序的运行结果是 ___【17】___ 。

```
main()
```

```
{
    int k=1,s=0;
    do
    {  if ((k%2)!=0) continue;
       s+=k;k++;
    }while (k>10);
    printf("s=%d\n",s);
}
```

18. 以下程序的运行结果是 __【18】__ 。

```
main()
{
    int i,j,sum;
    for (i=3;i>=1;i--)
    {
        sum=0;
        for (j=1;j<=i;j++)  sum+=i*j;
    }
    printf("%d\n",sum);
}
```

19. 以下程序的运行结果是 __【19】__ 。

```
main()
{
    int i;
    for (i='a';i<'f';i++,i++)
    printf("%c",i-'a'+'A');
    printf("\n");
}
```

练习5 数组和字符串

一、单选题

1. 以下叙述错误的是_____。
   A. 对于 double 型数组,不可以直接用数组名对数组进行整体输入或输出。
   B. 数组名代表数组所占存储区的首地址,其值不可改变
   C. 当程序执行中,数组元素的下标超出所定义的范围时,系统将给出"下标越界"的出错信息
   D. 可以通过赋值的方式确定数组元素的个数

2. 下面有关于 C 语言字符数组的描述,其中错误的是_____。
   A. 不可以用赋值语句给字符数组名赋字符串
   B. 可以用输入语句把字符串整体输入给字符数组
   C. 字符数组中的内容不一定是字符串
   D. 字符数组只能存放字符串

3. 下列一维数组说明中,不正确的是_____。
   A. int n; scanf("%d", &n); float b[n];
   B. float a[ ]={5,4,8,7,2};
   C. #define S 10
      int a[S+5];
   D. float a[5+3], b[2 * 4];

4. 下列二维数组说明中,不正确的是_____。
   A. float a[][4]={0,1,8,5,9};   B. int a[5,9];
   C. #define L1 3+2
      float a[L1][3];   D. int a[3 * 4][9−5];

5. 下列一维数组初始化语句中,正确的是_____。
   A. int a[8]={ };   B. int a[9]={0,7,0,4,8};
   C. int a[5]={0,2,0,3,7,9};   D. int a[7]=7 * {6};

6. 下列二维数组初始化语句中,不正确的是_____。
   A. int b[][5]={2,9,6,0,8,7,4};   B. int b[3][5]={0,0,9};
   C. int b[][4]={{3,9},{7,6,8},{2}};   D. int b[3][2]={(8,4),(2,1),(5,9)};

7. 下列字符数组初始化语句中,正确的是_____。
   A. char c[ ]='motherland';   B. char c[7]={"motherland"};
   C. char c[ ]="motherland";   D. char c[12]={'motherland'};

8. 如果有初始化语句

```
char c[]="a girl";
```

则数组的长度自动定义为_____。

    A. 5   B. 8   C. 6   D. 7

9. 要定义一个二维数组 c[M][N]用于存放字符串"Science"、"Technology"、"Education" 和"Development",则常量 M 和 N 的合理取值应为_____。

    A. 3 和 11   B. 4 和 12   C. 4 和 13   D. 3 和 12

10. 下列字符数组初始化语句中_____个正确且与语句 char c[]="string";等价?

    A. char c[]={'s','t','r','i','n','g'};

    B. char c[]='string';

    C. char c[7]={ 's','t','r','i','n','g', '\0'};

    D. char c[7]={ 'string'};

11. 下列二维数组初始化语句中_____个正确且与语句 float a[][3]={0,3,8,0,9};等价?

    A. float a[2][]={{0,3,8},{0,9}};   B. float a[][3]={0,3,8,0,9,0};

    C. float a[][3]={{0,3},{8,0},{9,0}};   D. float a[2][]={{0,3,8},{0,9,0}};

12. 若有说明 int a[5][4]; 则对其数组元素的正确引用是_____。

    A. a[3+1][2*2]   B. a(2+1)(0)   C. a[2+2,3]   D. a[2*2][3]

13. 有定义语句 int b;char c[10];则正确的输入语句是_____。

    A. scanf("%d%s",&b,&c);   B. scanf("%d%s",&b,c);

    C. scanf("%d%s",b,c);   D. scanf("%d%s",b,&c);

14. 若有定义和语句:

```
char s[10]:s="abcd";printf("%s\n",s);
```

则结果是(以下 u 代表空格) _____。

    A. 输出 abcd   B. 输出 a   C. 输出 abcduuuuu   D. 编译不通过

15. 要将 0,9,16,21,24 存入数组 a 中,下列程序段中不正确的是_____。

    A. int a[5]; a={0,9,16,21,24};

    B. int a[5]; a[0]=0; a[1]=9; a[2]=16; a[3]=21;a[4]=24

    C. int a[5]={0,9,16,21,24};

    D. int i,a[5]; for(i=0;i<5;i++) a[i]=i*(10-i);

16. s1 和 s2 已正确定义并分别指向两个字符串。若要求:当 s1 所指串大于 s2 所指串时,执行语句 S;则以下选项中正确的是_____。

    A. if(s1>s2) S;   B. if(strcmp(s1,s2)) S;

    C. if(strcmp(s2,s1)>0) S;   D. if(strcmp(s1,s2)>0) S;

17. 若有说明

```
char s1[]="That girl", s2[]="is beautiful";
```

则使用函数 strcpy(s1,s2)后,_____。

    A. s1 的内容更新为 That girl is beautiful

    B. s1 的内容更新为 is beauti\0

    C. 有可能修改 s2 中的内容

D. s1 的内容不变

18. 设已执行预编译命令 ♯ include ＜string.h＞,以下程序段的输出结果是_____。

```
char s[]="an apple";
printf("%d\n",strlen(s));
```

    A. 7   B. 8   C. 9   D. 10

19. 判断字符串 s1 是否大于字符串 s2,应该使用_____。

    A. if (strcmp(s1,s2))   B. if (strcmp(s1,s2)＜0)
    C. if (strcmp(s2,s1)＜0)   D. if (s1＞s2)

20. 若有说明

```
char s1[30]="The city",s2[]="is beautiful";
```

则在使用函数 strcat(s1,s2)后,_____。

    A. s1 的内容更新为 The city is beautiful\0
    B. s1 的内容更新为 is beaut\0
    C. s1 的内容更新为 The city\0is beautiful\0
    D. s1 的内容更新为 The cityis beautiful\0

21. 设已执行预编译命令 ♯ include ＜ string. h＞,运行下面程序段的输出结果是_____。

```
char s1[7]={'S','e','t','\0','u','p','\0'};
printf("%s",s1);
```

    A. Set   B. Setup   C. Set up   D. 'S"e"t'

22. 运行下面程序段的输出结果是_____。

```
int a[7]={1,3,5};
printf("%d\n",a[3]);
```

    A. 不确定数   B. 0   C. 5   D. 导致错误

23. 若已包括头文件＜stdio.h＞且有说明 char s1[5],s2[7];要给 s1 和 s2 赋值,下列语句中正确的是_____。

    A. s1＝getchar(); s2＝getchar();   B. scanf("%s%s",s1,s2);
    C. scanf("%c%c",s1,s2);   D. gets(&s1);gets(&s2);

24. 若已包括头文件＜stdio.h＞且有说明

```
char s1[]="tree",s2[]="flower";
```

则下列输出语句中正确的是_____。

    A. printf("%s%s",s1[5],s2[7]);   B. printf("%c%c",s1,s2);
    C. puts(s1); puts(s2);   D. puts(s1,s2);

25. 若已包括头文件＜stdio.h＞且已有定义

```
char s1[7]; int i;
```

下列输入函数调用中含有错误的是_____。

    A. for(i=0;i<7;i++) s1[i]=getchar();

    B. gets(s1);

    C. for(i=0;i<7;i++)scanf("%c",&s1[i]);

    D. scanf("%s",&s1);

26. 若已包括头文件<stdio.h>且已有定义

```
char s1[9]="favorite"; int i;
```

下列输出函数调用中正确的是_____。

    A. for(i=0;i<9;i++) printf("%c",s1[i]);

    B. putchar(s1);

    C. for(i=0;i<9;i++) puts(s1[i]);

    D. printf("%c",s1);

27. 若已包括头文件<stdio.h>且已有定义 char str[9];现要使 str 从键盘获取字符串"The lady",应使用_____。

    A. scanf("%s",str);

    B. for(i=0;i<9;i++) getchar(str[i]);

    C. gets(str);

    D. for(i=0;i<9;i++) scanf("%s",&str[i]);

28. 若已包括头文件<stdio.h>且已有定义

```
char str[]={'a','\0','c',' o',' d','e', '\0'}; int i;
```

若要输出" a code",应使用_____。

    A. puts(str);

    B. for(i=0;i<6;i++) printf("%s",str[i]);

    C. printf("%s",str);

    D. for(i=0;i<6;i++) putchar(str[i]);

29. 若已包括头文件<string.h>且已有定义

```
char s1[8],s2={"a cock"}; int i;
```

若要将字符串"a cock"赋给 s1,下述语句中错误的是_____。

    A. strcpy(s1,s2);   B. strcpy(s1,"a cock");

    C. s1="a cock";   D. for(i=0;i<7;i++) s1[i]=s2[i];

30. 设已包含标题文件<string.h>,在处理下述程序段时,运行结果是_____。

```
char s1[6]="Powerpoint",s2[]="Excel";
s1=s2;
printf("%s",s1);
```

    A. 编译出错   B. 运行后输出 Excelpoint

    C. 运行后输出 Excel oint   D. 运行后输出 Excel

31. 下面的程序运行时,若从键盘输入

```
Would you<CR>
like this<CR>
bird?<CR>
```

则输出 Would you like this bird? 请选择正确的选项将程序填写完整。

```
main()
{
    char s1[10],s2[10],s3[10],s4[10];
    scanf("%s%s\n",s1,s2);
    _____ ;
    printf("%s%s%s%s",s1,s2,s3,s4);
}
```

    A. scanf("%s\n",s3);scanf("%s\n",s4)

    B. gets(s3);gets(s4)

    C. scanf("%s%s\n",s3,s4)

    D. gets(s3,s4)

32. 下面的程序用来输出两个字符串前 5 个字符中所有对应相等的字符及其位置号,请选择正确的选项将程序填写完整。

```
main()
{
    char s1[]="appreciate", s2[]="architecture";
    int i;
    for (i=0;s1[i]!='\0' && s2[i]!='\0'; i++)
        if (s1[i]==s2[i] && i<5)
            _____ ;
}
```

    A. putchar(s2[i]); putchar(i)

    B. puts(s1[i],i)

    C. printf("%c %d\n",s2[i],i)

    D. printf("%c",s1[i]); printf("%d\n",i)

33. 若希望下面的程序运行后输出 25,请选择正确的选项将程序填写完整。

```
main()
{
    int i,j=50,a[]={7,4,10,5,8};
    for (_____)
        j+=a[i];
    printf("%d\n", j-40);
}
```

    A. i=4;i>2;−−I   B. i=1;i<3;++i

C. i=4;i>2;i－－   D. i=2;i<4;＋＋i

34. 下面程序段运行后,输出结果是_____。

```
int i, j, x=0;
int a[6]={2,3,4};
for (i=0,j=1;i<3&&j<4;++i,j++) x+=a[i]*a[j];
printf("%d",x);
```

    A. 18   B. 不确定值   C. 25   D. 29

二、填空题

1. 写出以下程序的输出结果 【1】 。

```
main()
{
    int a[4][4]={{1,2,3,4},{5,6,7,8},{3,9,10,2},{4,2,9,6}};
    int i,s=0;
    for (i=0;i<4;i++) s+=a[i][2];
    printf("s=%d\n",s);
}
```

2. 写出以下程序的输出结果 【2】 。

```
main()
{
    char c[7]={"65ab21"};
    int i,s=0;
    for (i=0;c[i]>='0'&&c[i]<'9';i+=2)
        s=10*s+c[i]-'0';
    printf("%d\n",s);
}
```

3. 写出以下程序的输出结果 【3】 。

```
#include <string.h>
main()
{
    char a[7]="abcdef",b[4]="ABC";
    strcpy(a,b);
    printf("%c\n",a[5]);
}
```

4. 写出以下程序的输出结果 【4】 。

```
main()
{
    int i,j,a[10]={2,3,4,5,6,7};
    for (i=0;i++<4;)
    {   j=a[i];a[i]=a[5-i];a[5-i]=j; }
    for (i=0;i<6;i++) printf("%d ",a[i]);
}
```

5. 下面的程序运行后输出 23,请将程序补充完整。

```
main()
{
    int i,j=50,a[]={7,4,10,5,8};
    for ( 【5】 ) j+=a[i];
    printf("%d\n",j-40);
}
```

6. 以下程序的输出结果是　【6】　。

```
main()
{
    int i,j,m,row,col,a[3][3]={{10,20,30},{28,72,-30},{-150,2,6}};
    m=a[0][0];
    for (i=0;i<3;i++)
        for (j=0;j<3;j++)
            if (m>a[i][j]) {m=a[i][j];row=i,col=j;}
    printf("%d,%d,%d\n",m,row,col);
}
```

7. 以下程序的输出结果是　【7】　。

```
main()
{
    int i,n[]={0,0,0,0,0};
    for (i=1;i<4;i++)
    {
        n[i]=n[i-1] * 3+1; printf("%d ",n[i]);
    }
}
```

8. 有以下程序,运行后的输出结果是　【8】　。

```
main()
{
    int i,j,n[2];
    for (i=0;i<2;i++) n[i]=0;
    for (i=0;i<2;i++)
        for (j=0;j<2;j++)
            n[j]=n[i]+1;
    printf("%d\n",n[1]);
}
```

9. 有以下程序,运行后的输出结果是　【9】　。

```
main()
{
    int i,j,a[][3]={1,2,3,4,5,6,7,8,9};
```

```
        for (i=0;i<3;i++)
            for (j=i;j<3;j++)
                printf("%d",a[i][j]);
}
```

10. 以下程序用以删除字符串中所有空格,请填空。

```
Main()
{
    char s[100]={"I am a student!"};
    int I,j;
    for (i=j=0;s[i]!='\0';i++)
        if(s[i]!=' ') {s[j]=s[i];j++;}
    s[j]=_【10】__;
    printf("%s",s);
}
```

11. 以下程序,按下面指定的数据给 x 数组的下三角赋值,并按如下形式输出,请填空。

```
4
3  7
2  6  9
1  5  8  10
main()
{
    int x[4][4],n=0,i,j;
    for (j=0;j<4;j++)
        for (i=3;i>=j;i--)   { n++; x[i][j]=_【11】__;}
    for (i=0;i<4;i++)
    {
        for (j=0;j<=i;j++) printf("%3d",x[i][j]);
        printf("\n");
    }
}
```

12. 以下程序,运行后的输出结果是 __【12】__ 。

```
#include <string.h>
main()
{
    printf("%d\n",strlen("s\n\016\0end"));
}
```

13. 下面程序,运行后的输出结果是__【13】__。

```
main()
{
    char a[]="How do you do!";
    a[3]=0;
```

```
        printf("%s\n",a);
    }
```

14. 以下程序的功能是将字符串 s 中的数字字符放入 d 数组中,最后输出 d 中的字符串。例如,输入字符串 abc123edf456gh,执行程序后输出 123456。请填空。

```
main()
{
    char s[80], d[80]; int i, j;
    gets(s);
    for (i=j=0;s[i]!='\0';i++)
        if ( 【14】 ) { d[j]=s[i]; j++; }
    d[j]='\0';
    puts(d);
}
```

15. 下面程序的功能是将字符数组 a 中下标值为偶数的元素从小到大排列,其他元素不变。请填空。

```
main()
{
    har a[ ]="EDCBA",t;
    int i, j, k;
    k=strlen(a);
    for (i=0; i<=k-2; i+=2)
        for (j=i+2; j<k;j+=2)
            if ( 【15】 ) { t=a[i]; a[i]=a[j]; a[j]=t; }
    puts(a);
    printf("\n");
}
```

16. 有以下程序,运行后的输出结果是 __【16】__ 。

```
main()
{
    int a[3][3]={{1,2,-3},{0,-12,-13},{-21,23,0}};
    int i,j,s=0;
    for (i=0;i<3;i++)
    {
        for (j=0;j<3;j++)
        {
            if (a[i][j]<0)    continue;
            if (a[i][j]==0)   break;
            s+=a[i][j];
        }
    }
    printf("%d\n",s);
}
```

17. 以下程序运行后的输出结果是 __【17】__ 。

```
main()
{
    char ch[]="abc",x[3][4];
    int i;
    for (i=0;i<3;i++)  strcpy(x[i],ch);
    for (i=0;i<3;i++)  printf("%s",&x[i][i]);
    printf("\n");
}
```

练习 6 指 针

一、单选题

1. 若有定义

```
float a=25,b, * p=&b;
```

则下面对赋值语句 * p＝a;和 p＝&a;的正确解释为_____。

  A. 两个语句都是将变量 a 的值赋予变量 b

  B. * p＝a 是使 p 指向变量 a,而 p＝&a 是将变量 a 的值赋予变量 b

  C. * p＝a 是将变量 a 的值赋予变量 b,而 p＝&a;是使 p 指向变量 a

  D. 两个语句都是使 p 指向变量 a

2. 若已定义 char c, * p;下述各程序段中能使变量 c 从键盘获取一个字符的是_____。

  A. * p＝c; scanf("%c",p);   B. p＝&c; scanf("%c", * p);

  C. p＝&c; scanf("%c",p);   D. p＝ * &c; scanf("%c",p);

3. 若已定义 short int m＝200, * p＝&m;设为 m 分配的内存地址为 100～101,则下述说法中正确的是_____。

  A. print("%d", * p)输出 100   B. printf("%d",p)输出 101

  C. printf("%d",p)输出 200   D. printf("%d", * p)输出 200

4. 若有定义

```
int a,b, * p1=&a, * p2=&b;
```

则使 p2 指向 a 的赋值语句是_____。

  A. * p2＝ * &a; B. p2＝& * p1; C. p2＝&p1; D. * p2＝&a;

5. 若定义

```
int b=8, * p=&b;
```

则下面均表示 b 的地址的一组选项为_____。

  A. * &p,p,&b B. & * p, * &b,p C. p, * &b,& * p D. * p,& * b

6. 若有定义 int (* pt)[3];,则下列说法正确的是_____。

  A. 定义了基类型为 int 的三指针变量

  B. 定义了基类型为 int 的具有 3 个元素的指针数组 pt

  C. 定义了一个名 * pt、具有 3 个元素的整型数组

  D. 定义一个名为 pt 的指针变量,它可以指向每行有 3 个元素的二维数组

7. 若有定义

```
int a[9], * p=a;
```

则 p+5 表示_____。

  A. 数组元素 a[5]的值   B. 数组元素 a[5]的地址

  C. 数组元素 a[6]的地址   D. 数组元素 a[0]的值加上 5

 8. 若有定义

```
int b[5]={3,4,7,9}, * p2=b, * p1=p2;
```

则对数组元素 b[2]的正确引用是_____。

  A. &b[0]+2   B. * (p1+3)   C. * (p1+2)   D. * p2+2

 9. 若有定义

```
int a[7]={12,10}, * p=a;
```

则对数组元素 a[5]地址的非法引用为

  A. &a+5   B. p+5   C. a+5   D. &a[0]+5

 10. 下列各程序段中,对指针变量定义和使用正确的是_____。

  A. char s[6], * p=s; char * p1 = * p; printf("%c", * p1);

  B. int a[6], * p; p=&a;

  C. char s[7]; char * p=s=260; scanf("%c",p+2);

  D. int a[7], * p; p=a;

 11. 若定义:

```
int a=511, * b=&a;
```

则 printf("%d\n", * b);的输出结果是_____。

  A. 无确定值   B. a 的地址   C. 512   D. 511

 12. 若有定义

```
float a,b, * p;
```

则下述程序段中能从键盘获取实数并将其正确输出的是_____。

  A. p=&b; scanf("%f", &p); a=b; printf("%f",a);

  B. p=&b; scanf("%f", * p);a= * &b; printf("%f",a);

  C. p=&a; scanf("%f",p);b= * p; printf("%f",b);

  D. scanf("%f",&b); * p=b; printf("%f",p);

 13. 若有说明

```
int a[4][4]={8,4,5,6,9,3,7}, * p=a[0];
```

则对数组元素 a[i][j](其中 0<=i<4,0<=j<4)的值正确引用为_____。

  A. * (* (p+i)+j)   B. * (p[i]+j)

  C. p[i * 4+j]   D. * (a[i]+j)

 14. 若有说明

```
inta[6][3]={1,2,3,4,5,6,7,8}, * p=a[0];
```

则对数组元素 a[i][j](其中 0<=i<6,0<=j<3)之地址的正确引用为_____。

A. ＊(p＋i)＋j　　　B. ＊(a＋i)＋j　　　C. ＆p[i][j]　　　D. p[i]＋j

16. 若有说明

```
int a[3][4]={3,9,7,8,5},(＊p)[4];
```

和赋值语句

```
p=a;
```

则对数组元素 a[i][j]（其中 0＜＝i＜3,0＜＝j＜4)之值的正确引用为＿＿＿＿＿。
A. ＊(p＋i)[j]　　　B. ＊p[i][j]　　　C. ＊(＊p[i]＋j)　　　D. ＊(＊(p＋i)＋j)

16. 若有说明

```
int b[4][3]={3,5,7,9,2,8,4,1,6},＊p[4];
```

和赋值语句

```
p[0]=b[0];p[1]=b[1];p[2]=b[2];p[3]=b[3];
```

则下述对数组元素 b[i][j]（其中 0＜＝i＜4,0＜＝j＜3)的输出语句中不正确的是＿＿＿＿＿。
A. printf("%d\n",＊(p[i]＋j));　　　B. printf("%d\n",(＊(p＋i))[j]);
C. printf("%d\n",＊(p＋i)[j]);　　　D. printf("%d\n",p[i][j]);

17. 以下由说明和赋值语句组成的各选项中错误的是＿＿＿＿＿。
A. double a[4][5],b[5][4],＊p=a[0],＊q=b[0];
B. double a[4][5],b[5][4],＊p=a,＊q=b;
C. float a[4][5],(＊p)[4]=a[0],(＊q)[5]=b[0];
D. float a[5][4],＊p[5]=a;

18. 下面各程序段中能正确实现两个字符串交换的是＿＿＿＿＿。
A.

```
char p[]="glorious",q[]="leader",t[9];strcpy(t,p);strcpy(p,q);strcpy(q,t);
```

B.

```
char p[]="glorious",q[]="leader",＊t; t=p; p=q; q=t;
```

C.

```
char ＊p="glorious",＊q="leader",＊t; t=＊p; p=q; ＊q=t;
```

D.

```
char p[]="glorious", q[]="leader", t; int i;
for (i=0;p[i]!='\0';i++) {t=p[i];p[i]=q[i];q[i]=t;}
```

19. 若有说明

```
char ＊c[]={"East","West","South","North"};
char ＊ ＊p=c;
```

则语句

```
printf("%d",*(*p+1));
```
的输出为_____。

    A. 字符 a   B. 字符 W 的地址

    C. 字符 W 的 ASCII 码   D. 字母 a 的 ASCII 码

20. 下面的程序运行后输出的结果是_____。

```
main()
{
    int a[4][3]={2,4,6,8,10,12,14,16,18,20,22,24},(*p)[3]=a;
    printf("%d",*(*(++p+2)+1));
}
```

    A. 8   B. 16   C. 22   D. 10

21. 下面的程序先给数组 a 赋值，然后依次输出数组 a 中的 9 个元素。请选择正确的选项填入程序空缺处。

```
main()
{
    int i=0,a[9],*p=a,;
    for(;i<9;i++) scanf("%d",p++);
        _____;
        for(;p<a+9;p++) printf("%d ",*p);
}
```

    A. p-=18   B. p-=9   C. p+=0   D. *p=a

22. 下列程序运行后，m、n 的输出值为_____。

```
main()
{
    int a[]={2,5,6,9,12,11,14,17},b[]={2,4},m,n=1,*p=a,*q=b;
    p+=4;q+=1;
    m=(*(++p))%(*q++)+7;
    n+=(*q)*(*p);
    printf("%d ",m);
    printf("%d\n",n);
}
```

    A. 7　37   B. 8　49   C. 10 不确知值   D. 45 不确知值

23. 有如下程序段，执行该程序后，a 的值为_____。

```
int*p,a=10,b=1;
p=&a;
a=*p+b;
```

    A. 12   B. 11   C. 10   D. 编译出错

24. 下面的程序运行后，输出结果是_____。

```
main()
{
```

```
int a[]={1,3,5,7,9}, b[4]={2,4,6,8}, * p=a, * q=b;
p+=2; q++;
* p=( * q)%3+5;
* (++q)= * (p--)-3;
printf("%d %d\n",  * (p+1), q[0]);
}
```

A. 7 4　　　　　　B. 6 3　　　　　　C. 6 5　　　　　　D. 7 3

25. 下面程序运行后的输出结果是_____。

```
main()
{
    int a=7,b=8, * p, * q, * r;
    p=&a; q=&b;
    r=p;p=q; q=r;
    printf(" %d, %d, %d, %d\n", * p, * q, a, b);
}
```

A. 8,7,8,7　　　B. 7,8,7,8　　　C. 8,7,7,8　　　D. 7,8,8,7

26. 若有说明语句

```
double * p,a;
```

则能通过 scanf 语句正确给输入项读入数据的程序段是_____。

A. *p=&a; scanf("%lf",p);　　　　　B. *p=&a; scanf("%lf",&p);
C. p=&a; scanf("%lf", * p);　　　　　D. p=&a; scanf("%lf",p);

27. 设有定义

```
int n1=0,n2, * p=&n2, * q=&n1;
```

以下赋值语句中与 n2＝n1;语句等价的是_____。

A. *p= * q;　　　B. p=q;　　　C. *p=&n1;　　　D. p= * q;

28. 若有定义

```
int x=0, * p=&x;
```

则语句

```
printf("%d\n", * p);
```

的输出结果是_____。

A. 随机值　　　　B. 0　　　　　　C. x 的地址　　　　D. p 的地址

29. 以下程序运行后的输出结果是_____。

```
main()
{
    intm=1,n=2, * p=&m, * q=&n, * r;
    r=p;p=q; q=r;
    printf("%d, %d, %d, %d\n",m, n, * p, * q);
}
```

A. 1，2，1，2　　　B. 1，2，2，1　　　C. 2，1，2，1　　　D. 2，1，1，2

30. 设有定义

```
double a[10], * s=a;
```

以下能够代表数组元素 a[3]的是_____。

　　A. (* s)[3]　　　　B. * (s+3)　　　　C. * s[3]　　　　D. * s+3

31. 有如下程序,若输入"1　2　3＜CR＞",则输出结果是_____。

```
main()
{
    int a[3][2]={0}, ( * p)[2],i,j;
    for (i=0;i<2;i++)   {p=a+i; scanf("%d",p);}
    for (i=0;i<3;i++)
    {
        for (j=0;j<2;j++)  printf("%d ",a[i][j]);
        printf("\n");
    }
}
```

　　A. 产生错误信息　　B. 1 2　　　　　　C. 1 0　　　　　　D. 1 0
　　　　　　　　　　　　　 3 0　　　　　　 2 0　　　　　　 2 0
　　　　　　　　　　　　　 0 0　　　　　　 0 0　　　　　　 3 0

32. 有如下程序,程序运行后的输出结果是_____。

```
main()
{
    int a[ ]={1,2,3,4,5,6,7,8,9,10,11,12}, * p=a+5, * q=NULL;
    * q= * (p+5);
    printf("%d, %d\n", * p, * q);
}
```

　　A. 运行后报错　　B. 6，6　　　　　　C. 6，11　　　　　D. 5，10

33. 有以下程序,程序运行后的输出结果是_____。

```
main()
{
    inta=[10]{1,2,3,4,5,6,7,8,9,10}, * p=&a[3], * q=p+2;
    printf("%d\n", * p+ * q);
}
```

　　A. 16　　　　　　B. 10　　　　　　　C. 8　　　　　　　D. 6

34. 有以下程序段,程序在执行了

```
c=&b;b=&a;
```

语句后,表达式 * * c 的值是_____。

```
main()
```

```
{
    inta=5, * b, * * c;
    c=&b;b=&a;
}
```

  A. 变量 a 的地址 B. 变量 b 中的值 C. 变量 a 中的值 D. 变量 b 的地址

二、填空题

1. 写出以下程序的输出结果 ___【1】___ 。

```
main()
{
    int a[]={1,2,3,4,5,6,7,8,9}, * p;
    p=a;
    printf("%d\n", * p+8);
}
```

2. 下面程序的输出结果是 ___【2】___ 。

```
main()
{
    int a[]={1,2,3,4,5,6}, * p;
    p=a+1;
    printf("%d\n", * ++p);
}
```

3. 下面程序的功能是将无符号八进制数构成的字符串转换成十进制数。例如输入字符串为"556",则输出十进制数 366,请填空。

```
main()
{
    char s[6], * p; int n;
    p=s;
    gets(s);
    n= * p-'0';
    while ( __【3】__ !=0) n=n * 8+ * p-'0';
    printf("%d\n",n);
}
```

4. 下面程序的功能是输出数组中最大值,由指针 s 指向该元素,请在 if 语句后填写判断表达式。

```
main()
{
    int a[10]={6,7,2,9,1,10,5,4,8,3}, * p, * s;
    int n;
    for (p=a,s=a;p-a<10;p++)   if( __【4】__ ) s=p;
    printf("max=%d\n", * s);
}
```

5. 下面程序的输出结果是 __【5】__ 。

```c
main()
{
    char a[]="ABCDEFG";
    char * p=&a[7];
    while (--p>&a[0]) putchar(* p);
    putchar('\0');
}
```

6. 下面程序的输出结果是 __【6】__ 。

```c
main()
{
    char a[]="programing",b[]="language", * p1, * p2;
    int i;
    p1=a;p2=b;
    for (i=0;i<7;i++)
    if (*(p1+i)==*(p2+i)) printf("%c", * (p1+i));
}
```

7. 下面程序的输出结果是 __【7】__ 。

```c
#include <string.h>
main()
{
    char * s1="ABc", * s2="aBA";
    s1++;s2++;
    printf("%d\n",strcmp(s1,s2));
}
```

8. 下面程序的输出结果是 __【8】__ 。

```c
main()
{
    int a[]={1,3,5,7,9,11,13,15}, * p=a+5,j;
    for (j=3;j;j--)
    {   switch(j)
        {
            case 1:
            case 2: printf("%d", * p++); break;
            case 3: printf("%d", * (--p));
        }
    }
}
```

9. 有以下程序,运行后的输出结果是 __【9】__ 。

```c
#include <stdlib.h>
main()
```

```
{
    int * a, * b, * c;
    a=b=c=(int * )malloc(sizeof(int));
    * a=1; * b=2; * c=3;
    a=b;
    printf("%d,%d,%d", * a, * b, * c);
}
```

10. 有以下程序,运行后的输出结果是 【10】 。

```
#include <string.h>
main()
{
    char s1[10]="abcde!", * s2="\n123\'";
    printf("%d,%d",strlen(s1),strlen(s2));
}
```

11. 下面程序的输出结果是 【11】 。

```
main()
{
    int a[5]={1,3,5,7,9}, * p, * * q;
    p=a; q=&p;
    printf("%d", * (p++));
    printf("%d\n", * * q);
}
```

12. 下面程序的输出结果是 【12】 。

```
main()
{
    int a[]={2,4,6,8}, * p=&a[0],x=7,i,y;
    for (i=0;i<3;i++)   y=(*(p+i)<x)? * (p+i):x;
    printf("%d\n",y);
}
```

13. 下面程序的输出结果是 【13】 。

```
main()
{
    int a[3][3]={10,20,30,40,50,60,70,80,90},( * p)[3];
    p=a;
    printf("%d\n",*(*(p+2)+1));
}
```

14. 下面程序的输出结果是 【14】 。

```
main()
{
    int aa[3][3]={{1},{3},{5}};
    int i, * p=&aa[0][0];
```

```
for (i=0;i<2;i++)
{
    if (i==0)
        aa[i][i+1]= * p+1;
    else
        ++p;
    printf("%d", * p);
}
}
```

15. 下面程序的输出结果是 ___【15】___ 。

```
#include <string.h>
main()
{
    char str[][20]={"Tianjin","Beijing","shanghai"}, * p=str;
    printf("%d\n",strlen(p+40));
}
```

16. 下面程序的输出结果是 ___【16】___ 。

```
main()
{
    char ch[2][5]={"1234","5678"}, * p[2];
    int i,j,s=0;
    for (i=0;i<2;i++)
        p[i]=ch[i];
    for (i=0;i<2;i++)
        for (j=0;p[i][j]>'\0';j+=2)
            s=10 * s+p[i][j]-'0';
    printf("%d\n",s);
}
```

练习 7 函　　数

一、单选题

1. 以下叙述中，不正确的选项是_____。
   A. C 语言程序总是从 main() 函数开始执行
   B. 在 C 语言程序中，被调用的函数必须在 main() 函数中定义
   C. C 程序是函数的集合，包括标准库函数和用户自定义函数
   D. 在 C 语言程序中，函数的定义不能嵌套，但函数的调用可以嵌套

2. C 语言中，若未说明函数的类型，则系统默认该函数的类型是_____
   A. float 型　　　　B. long 型　　　　C. int 型　　　　D. double 型

3. 若调用函数为 double 型，被调用函数定义中没有进行函数类型说明，而 return 语句中的表达式为 float 型，则被调函数返回值的类型是_____。
   A. int 型　　　　　　　　　　　　B. float 型
   C. double 型　　　　　　　　　　D. 由系统当时的情况确定

4. 以下叙述关于 return 语句叙述中正确的是_____。
   A. 一个自定义函数中必须有一条 return 语句
   B. 一个自定义函数可以根据不同情况设置多条 return 语句
   C. 定义成 void 类型的函数中可以有带返回值的 return 语句
   D. 没有 return 语句的自定义函数在执行结束时不能返回到调用处

5. 若函数调用时参数为基本数据类型的变量，以下叙述中，正确的是_____。
   A. 实参与其对应的形参共占存储单元
   B. 只有当实参与其对应的形参同名时才共占存储单元
   C. 实参与其对应的形参分别占用不同的存储单元
   D. 实参将数据传递给形参后，立即释放原先占用的存储单元

6. 以下叙述中，错误的是_____。
   A. 函数未被调用时，系统将不为形参分配内存单元
   B. 实参与形参的个数应相等，且实参与形参的类型必须对应一致
   C. 当形参是变量时，实参可以是常量、变量或表达式
   D. 形参可以是常量、变量或表达式

7. 调用函数时，当实参和形参都是简单变量时，它们之间数据传递的过程是_____。
   A. 实参将其地址传递给形参，并释放原先占用的存储单元
   B. 实参将其地址传递给形参，调用结束时形参再将其地址回传给实参
   C. 实参将其值传递给形参，调用结束时形参再将其值回传给实参
   D. 实参将其值传递给形参，调用结束时形参并不将其值回传给实参

8. 若函数调用时用数组名作为函数参数，以下叙述中，不正确的是_____。
   A. 实参与其对应的形参共用同一段存储空间

B. 实参将其地址传递给形参,结果等同于实现了参数之间的双向值传递

C. 实参与其对应的形参分别占用不同的存储空间

D. 在调用函数中必须说明数组的大小,但在被调用函数中可以使用不定尺寸数组

9. 如果一个函数位于 C 程序文件的上部,在该函数体内说明语句后的复合语句中定义了一个变量,则该变量_____。

A. 为全局变量,在本程序文件范围内有效

B. 为局部变量,只在该函数内有效

C. 为局部变量,只在该复合语句中有效

D. 定义无效,为非法变量

10. 以下叙述中,不正确的是_____。

A. 使用 static float a;定义的外部变量存放在内存中的静态存储区

B. 使用 float b;定义的外部变量存放在内存中的动态存储区

C. 使用 static float c;定义的内部变量存放在内存中的静态存储区

D. 使用 float d;定义的内部变量存放在内存中的动态存储区

11. 若在一个 C 源程序文件中定义了一个允许其他源文件引用的实型外部变量 a,则在另一文件中可使用的引用说明是_____。

A. extern static float a;   B. float a;

C. extern auto float a;   D. extern float a;

12. 若定义函数 float ＊func1(),则 func1()函数的返回值为_____。

A. 一个实数   B. 一个指向实型变量的指针

C. 一个指向实型函数的指针   D. 一个实型函数的入口地址

13. 以下叙述中正确的是_____。

A. 局部变量说明为 static 存储类,其生存期将得到延长

B. 全局变量说明为 static 存储类,其作用域将得到扩大

C. 任何存储类的变量在未赋初值时,其值都是不确定的

D. 形参可以使用的存储类说明符与局部变量完全相同

14. 以下程序的运行结果是_____。

```
void f(int v, int w)
{
    int t;
    t=v; v=w; w=t;
}
main()
{
    int x=1, y=3, z=2;
    if (x>y) f(x,y);
    else if (y>z) f(y,z);
    else f(x,z);
    printf("%d,%d,%d\n",x,y,z);
}
```

A. 1,2,3   B. 3,1,2   C. 1,3,2   D. 2,3,1

15. 以下程序运行后的输出结果为_____。

```
int * f(int * x, int * y)
{
    if ( * x< * y)   return x;
    else return y;
}
main()
{
    int a=7,b=8,* p,* q,* r;
    p=&a; q=&b;
    r=f(p,q);
    printf("%d,%d,%d\n",* p,* q,* r);
}
```

A. 7,8,8   B. 7,8,7   C. 8,7,7   D. 8,7,8

16. 以下程序的输出结果是_____。

```
int d=1;
fun(int p)
{
    static int d=5;
    d+=p;
    printf("%d ",d);
    return(d);
}
main()
{
    int a=3;   printf("%d \n",fun(a+fun(d))); }
```

A. 6 9 9   B. 6 6 9   C. 6 15 15   D. 6 6 15

17. void * fun(); 的含义是_____。

    A. fun()无返回值
    B. fun()函数的返回值可以是任意的数据类型
    C. fun()函数的返回值是无值型的指针类型
    D. 指针 fun 指向一个函数,该函数无返回值

18. 有以下程序,执行后的输出结果是_____。

```
void fun( char * c, int d)
{
    * c= * c+1; d=d+1;
    printf("%c,%c, ", * c,d);
}
main()
{
```

```
char x='a', y='A';
fun(&x, y);
printf("%c,%c\n", x,y);
}
```

    A. b,B,b,A   B. b,B,B,A   C. a,B,b,a   D. a,B,a,B

19. 以下叙述正确的是_____。

    A. 构成 C 程序的基本单位是函数

    B. 可以在函数中定义另一个函数

    C. main()函数必须放在其他函数之前

    D. 所有被调用的函数一定要在调用之前进行定义

20. 以下叙述正确的是_____。

    A. C 语言程序是由过程和函数组成的

    B. C 语言函数可以嵌套调用,例如 fun(fun(x))

    C. C 语言函数不可以单独编译

    D. C 语言除了 main()函数,其他函数不可以作为单独文件形式存在

21. 以下程序的执行结果是_____。

```
char fun(char x , char y)
{
    if (x>y) ) return y;
}
main()
{
    char a='9 ', b='8 ', c='7 ';
    printf("%c\n",fun(fun(a,b) ,fun(b,c) ));
}
```

    A. 函数调用出错   B. 8

    C. 9   D. 7

22. 有以下程序,执行后输出结果是_____。

```
void f(int v, int w)
{
    int t;
    t=v;v=w;w=t;
}
main()
{
    int x=1,y=3,z=2;
    if (x>y) f(x,y);
    else if (y>z) f(y,z);
        else f(x,z);
    printf("%d,%d,%d\n",x,y,z);
}
```

    A. 1,2,3   B. 3,1,2   C. 1,3,2   D. 2,3,1

23. 设函数 fun() 的定义形式为

```
voidfun(charch, floatx){…}
```

则以下对函数 fun() 的调用语句中,正确的是_____。

    A. fun("abc",3.0);   B. t＝fun('D ',16.5);

    C. fun('65 ',2.8);   D. fun(32,32);

24. 有以下程序,执行后的输出结果是_____。

```
void fun(int p)
{
    int d=2;
    p=d++;
    printf("%d", p);}
main()
{
    int a=1;
    fun(a);
    printf("%d\n", a);
}
```

    A. 32   B. 12   C. 21   D. 22

25. 已定义以下函数,fun 函数返回值是_____。

```
int fun(int * p)
{
    return * p;
}
```

    A. 不确定的值   B. 一个整数

    C. 形参 P 中存放的值   D. 形参 P 的地址值

二、填空题

1. 写出以下程序的输出结果 __【1】__ 。

```
int mult(int x,int y)
{
    return x+y;
}
main()
{
    int a=100,b=10,c;
    c=mult(a,b);
    printf("%d+%d＝%d\n",a,b,c);
}
```

2. 下面程序的输出结果是 __【2】__ 。

```
void prt(int * x)
```

```
{
    printf("%d\n",++ * x);
}
main()
{
    int a=5;
    prt(&a);
}
```

3. 写出以下程序的输出结果　__【3】__　。

```
int func(int a,int b)
{
    static int m=0,i=2;
    i+=m+1;
    m=i+a+b;
    return m;
}
main()
{
    int k=4,m=1,p;
    p=func(k,m);  printf("%d ",p);
    p=func(k,m);  printf("%d\n",p);
}
```

4. 下面程序的输出结果是　__【4】__　。

```
int d=1;
int fun(int p)
{
    static int d=5;
    d+=p;
    return d;
}
main()
{
    int a=3;
    printf("%d\n",fun(a+fun(d)));
}
```

5. 下面程序的输出结果是　__【5】__　。

```
int t(int x, int y, int c, int d)
{
    c=x * x +y * y;
    d=x * x - y * y;
}
main()
```

```
{
    int a=4,b=3,c=5,d=6;
    t(a,b,c,d);
    printf("%d,%d\n",c,d);
}
```

6. 下面程序的输出结果是 __【6】__ 。

```
int t(int x, int y, int * c, int * d)
{
    * c=x * x +y * y;
    * d=x * x - y * y;
}
main()
{
    int a=4,b=3,c=5,d=6;
    t(a,b,&c,&d);
    printf("%d,%d\n",c,d);
}
```

7. 下面程序的输出结果是 __【7】__ 。

```
void fun(int s[], int n1, int n2)
{
    int i, j;
    i=n1 ; j=n2;
    while (i<j)
    {
        * (s+i) += * (s+j);
        * (s+j) += * (s+i);
        i++; j--;
    }
}
main()
{
    int a[6]={1,2,3,4,5},i, * p=a;
    fun(p,0,2);     fun(p,1,3);     fun(p,2,4);
    for (i=0;i<5;i++) printf("%d ", * (a+i));
    printf("\n");
}
```

8. 写出以下程序的输出结果 __【8】__ 。

```
int fun(int u, int v)
{
    int w;
    while (v)
    {   w=u%v;u=v;v=w; }
```

```
        return u;
}
main()
{
    int a=28,b=16,c;
    c=fun(a,b);
    printf("%d\n",c);
}
```

9. 下面程序的输出结果是 【9】 。

```
int fun(int p)
{
    int d=4;
    d+=p++;
    printf("%d ",d);
}
main()
{
    int a=3,d=1;
    fun(a);
    d+=a++;
    printf("%d\n",d);
}
```

10. 下面程序的输出结果是 【10】 。

```
void fun(int * a, int b[])
{
    b[0]=* a+5;
}
main()
{
    int a,b[5];
    a=0;b[0]=3;
    fun(&a,b);
    printf("%d\n",b[0]);
}
```

11. 下面程序的输出结果是 【11】 。

```
int fun (char * s)
{
    char * p=s;
    while (* p!='\0') p++;
    return p-s;
}
main()
```

```
{    printf("%d\n",fun("abcdefgh"));    }
```

12. 以下程序的功能是通过函数 fun() 输入字符并统计输入字符的个数。输入时用字符@作为结束标志。请将程序填写完整。

```
int fun()
{
    int n;
    for (n=0;  【12】  ;n++) ;
    return n;
}
main()
{
    int m;
    m=fun();
    printf("%d\n",m);
}
```

13. 下面程序的输出结果是 【13】 。

```
#define N 5
int fun(int * s,int a,int n)
{
    int j;
    * s=a;j=n;
    while (a!=s[j]) j--;
    return j;
}
main()
{
    int s[N+1],k;
    for (k=1;k<=N;k++) s[k]=k+1;
    printf("%d\n",fun(s,4,N));
}
```

14. 写出下面程序的输出结果 【14】 。

```
int fun(int x)
{
    static int a=0;
    return a+=x;
}
main()
{
    int s,k;
    for (k=1;k<=6;k++) s=fun(k);
    printf("%d\n",s);
}
```

15. 请写出下面程序的运行结果 【15】 。

```
int * f(int * p, int * q)
{
    return (* p> * q)?p:q;
}
main()
{
    int m=3,n=2, * k=&m;
    k=f(k,&n);
    printf("%d\n", * k);
}
```

16. 有以下程序,程序运行后输入 ABCDE<CR>,则输出结果是 【16】 。

```
int fun(char * s)
{
    char t;
    int n,i;
    n=strlen(s); t=s[n-1];
    for (i=n-1;i>0;i--) s[i]=s[i-1];
    s[0]=t;
}
main()
{
    char s[50];
    scanf("%s",s);
    fun(s);
    printf("%s\n",s);
}
```

17. 请写出下面程序的运行结果 【17】 。

```
int fun(int * a)
{   a[0]=a[1]; }
main()
{
    int a[10]={5,4,3,2,1},i;
    for (i=2;i>=0;i--) fun(&a[i]);
    for (i=0;i<5;i++) printf("%d",a[i]);
}
```

练习 8 复合结构类型

一、单选题

1. 当定义一个结构体变量时,系统分配给它的内存空间是_____。

    A. 结构中一个成员所需的内存量

    B. 结构中最后一个成员所需的内存量

    C. 结构体中占内存量最大者所需的容量

    D. 结构体中各成员所需内存量的总和

2. 若有以下的说明,对初值中整数 2 的正确引用方式是_____。

```
static struct
{
    char ch;
    int i;
    double x;
} a[2][3]={{'a',1,3.45,'b',2,7.98,'c',3,1.93},{'d',4,4.73,'e',5,6.78,'f',6,
    8.79}};
```

    A. a[1][1].i   B. a[0][1].i   C. a[0][0].i   D. a[0][2].i

3. 根据以下定义,能打印字母 M 的语句是_____。

```
struct p
{
    char name[9];
    int age;
} c[10]={"John",17,"Paul",19,"Mary",18,"Adam",16};
```

    A. printf("%c",c[3].name);   B. printf("%c",c[3].name[1]);

    C. printf("%c",c[2].name);   D. printf("%c",c[2].name[0]);

4. 若有以下说明和语句,已知 int 型数据占 2 字节,则以下语句的输出结果是_____。

```
struct st
{
    char a[10];
    int b;
    double c;
};
printf("%d",sizeof(struct st));
```

    A. 0   B. 8   C. 20   D. 2

5. 若有以下说明和语句,则对结构体变量 std 中成员 id 的引用方式不正确的是_____。

```
struct work
{
    int id;
    int name;
}std, * p;
p=&std;
```

    A. std.id   B. * p.id   C. (* p).id   D. p->id

6. 有以下程序,执行时的输出是_____。

```
struct key
{
    char * word;
    int count;
} k[10]={"void",1,"char",3,"int",5,"float",7,"double",9};
main()
{
    printf("%c,%d,%s\n",k[3].word[0],k[1].count,k[1].word);
}
```

    A. v,1,void   B. f,3,char   C. f,5,double   D. d,5,float

7. 设有如下定义,若要使 px 指向 rec 中的 x 域,正确的赋值语句是_____。

```
struct aa
{
    int x;
    float y;
}rec, * px;
```

    A. * px＝rec.x;   B. px＝&rec.x;

    C. px＝(struct aa *)rec.x;   D. px＝(struct aa *)&rec.x

8. 下列程序的输出结果是_____。

```
main()
{
    struct date { int y,m,d; };
    union
    {
        long i;
        int k;
        char ii;
    }mix;
    printf("%d,%d\n",sizeof(struct date),sizeof(mix));
}
```

    A. 6,2   B. 6,4   C. 8,4   D. 8,6

9. 设有以下结构体定义,若要对结构体变量 p 的出生年份进行赋值,下面正确的语句是_____。

```
struct date
{
    int y;
    int m;
    int d;
}p;
struct worklist
{
    char name[20];
    char sex;
    struct date birthday;
}p;
```

    A. y＝1976   B. birthday.y＝1976；

    C. p.birthday.y＝1976；   D. p.y＝1976；

10. 若有以下说明语句,则对字符串"li ning"的错误引用方式是_____。

```
struct p
{
    char name[20];
    int age;
    char sex;
}a={"li ning",20,'m'}, * p=&a;
```

    A. (＊p).name   B. p.name   C. a->name   D. p->name

11. 运行下列程序段,输出结果是_____。

```
struct country
{
    int num;
    char name[20];
}x[5]={1,"China",2,"USA",3,"France",4, "England",5, "Spanish"};
struct country * p;
p=x+3;
printf("%d,%c",p->num,(＊p).name[2]);
```

    A. 3,a   B. 4,g   C. 2,U   D. 5,S

12. 定义以下结构体数组,执行语句 printf("%d,%c",c[2].age,＊(c[3].name＋2))；后,输出结果为_____。

```
struct st
{
    char name[20];
    int age;
```

```
}c[10]={"zhang",16,"Li",17,"Ma",18,"Huang",19};
```

    A. 17,I   B. 18,M   C. 18,a   D. 18,u

13. 若定义以下结构体数组,执行

```
for (i=1;i<5;i++)  printf("%d%c",x[i].num,x[i].name[2]);
```

后的输出结果为_____。

```
struct contry
{
    int num;
    char name[20];
}x[5]={1,"China",2,"USA",3,"France",4, "Englan",5, "Spanish"};
```

    A. 2A3a4g5a   B. 1S2r3n4p   C. 1A2a3g4a   D. 2A3n4l5n

14. 以下叙述错误的是_____。

    A. 可以通过 typedef 增加新的类型

    B. 可以用 typedef 将已存在的类型用一个新名字来代表

    C. 用 typedef 定义新类型名后,原有的类型名仍有效

    D. 用 typedef 可以为各种类型起别名,但不能为变量起别名

15. 下面的结构体变量定义语句中,错误的是_____。

    A. struct ord {int x; int y; int z;};　　struct ord a;

    B. struct ord {int x; int y; int z;}　　struct ord a;

    C. struct ord {int x; int y; int z;} a;

    D. struct {int x; int y; int z;} a;

16. 有如下程序,程序运行后的输出结果是_____。

```
struct A{int a; char b[10]; double c;};
void f(struct A t);
main()
{
    struct A a={1001,"ZhangDa",1098.0};
    f(a);
    printf("%d,%s,%6.1f\n",a.a,a.b,a.c);
}
void f(struct A t)
{
    t.a=1002;  strcpy(t.b,"ChangRong");  t.c=1202.0;
}
```

    A. 1001,ZhangDA, 1098.0   B. 1002,ZhangDa,1202.0

    C. 1001,ChangRong, 1098.0   D. 1002,ZhangDa,1202.0

17. 设有以下定义和语句,能给 w 中成员 year 赋 1980 的语句是_____。

```
struct works
```

```
{
    int num, char name[20]; char c;
    struct {int day; int month; int year;}s;
};
struct works w, * pw;
pw=&w;
```

    A. * pw.year＝1980；   B. w.year＝1980；

    C. pw->year＝1980；   D. w.s.year＝1980；

二、填空题

1. 写出以下程序的输出结果　【1】　。

```
main()
{
    struct stu
    {
        long a;
        char b[8];
        int c;
    } x;
    printf("%ld\n",sizeof(x));
}
```

2. 写出以下程序的输出结果　【2】　。

```
typedef struct
{
    long a;
    char b[8];
    int c;
    union u
    {
        char u1[4];
        int u2[2];
    }ua;
} NEW;
main()
{
    NEW x;
    printf("%ld\n",sizeof(x));
}
```

3. 下面程序的输出结果是　【3】　。

```
main()
{
    struct student
```

```
    {
        long num;
        char name[8];
        float score;
    }stud[2]={{20010001,"lijun",80.0},{20010002,"liyun",90.0}};
    printf("%s,%f\n",stud[0].name,stud[0].score);
}
```

4. 下面程序的输出结果是 ___【4】___ 。

```
main()
{
    struct student
    {
        long num;
        char name[8];
        float score;
    }stud[3]={{20010001,"lijun",80.0},{20010002,"liyun",90.0},{20010003,"lija",
        70.0}};
    printf("%ld,%f\n",stud[1].num,stud[2].score);
}
```

5. 写出以下程序的输出结果 ___【5】___ 。

```
main()
{
    struct student
    {
        long num;
        char name[8];
        float score;
    }stud[3]={{20010001,"lijun",80.0},{20010002,"liyun",90.0},{20010003,"wuja",
        70.0}};
    printf("%ld,%c\n",stud[0].num,stud[2].name[0]);
}
```

6. 写出以下程序的输出结果 ___【6】___ 。

```
struct stu
{
    int a,b;
    char c[10];};
};
void fun(struct stu * p)
{
    p->a+=p->b;
    p->c[1]='x';
}
main()
{
```

```
        struct stu x;
        x.a=10; x.b=100;
        strcpy(x.c,"abcd");
        fun(&x);
        printf("%d,%d,%s\n",x.a,x.b,x.c);
    }
```

7. 下面程序的输出结果是 __【7】__ 。

```
struct stu
{
    int a,b;
    char c[10];};
};
void fun(struct stu p)
{
    p.a+=p.b;
    p.c[2]='x';
}
main()
{
    struct stu x;
    x.a=10; x.b=100;
    strcpy(x.c,"abcd");
    fun(x);
    printf("%d,%d,%s\n",x.a,x.b,x.c);
}
```

8. 下面程序的输出结果是 __【8】__ 。

```
typedef struct stu
{
    int num;
    double s;
} REC;
void fun(REC p)
{
    p.num=23;
    p.s=88.5;
}
main()
{
    REC a={15,90.5};
    fun(a);
    printf("%lf\n",a.s);
}
```

9. 下面程序的输出结果是 __【9】__ 。

```
typedef struct stu
{
    int num;
    double s;
} REC;
void fun(REC * p)
{
    p->num=25;
    p->s=88.5;
}
main()
{
    REC a={15,90.5}, * r=&a;
    fun(r);
    printf("%d\n",a.num);
}
```

10. 下面程序的输出结果是 __【10】__ 。

```
struct stu
{
    int a;
    char s[10];
    double c;
} REC;
void fun(struct stu * p)
{
    strcpy(p->s,"lijun");
    p->a=1002;
}
main()
{
    struct stu x={1001,"wanja",980.5};
    fun(&x);
    printf("%d,%s,%5.1f\n",x.a,x.s,x.c);
}
```

11. 有以下程序,程序运行后的输出结果是 __【11】__ 。

```
struct STU
{
    int num;
    float score;
};
void fun(struct STU p)
{
    struct STU s[2]={{20041,700.0},{20045,537.0}};
```

```
        p.num =s[1].num; p.score =s[1].score;
    }
    main()
    {
        struct STU s[2]={{20041,700.0},{20042,580.0}};
        fun(s[0]);
        printf("%d %3.0f\n",s[0].num,s[0].score);
    }
```

12. 有以下程序,程序运行后的输出结果是 __【12】__ 。

```
struct STU
{
    char name[10];
    int num;
};
void fun(char * name, int num)
{
    struct STU s[2]={{"SunDan",20044},{"Penghua",20045}};
    num =s[0].num;
    strcpy(name,s[0].name);
}
main()
{
    struct STU s[2]={{"YangSan",20041},{"LiSiGuo",20042}}, * p;
    p=&s[1]; fun(p->name,p->num);
    printf("%s, %d\n",p->name,p->num);
}
```

13. 下面程序的输出结果是 __【13】__ 。

```
typedef struct student
{
    char name[10];
    long sno;
    float score;
} STU;
main()
{
    STU a={"Zhangsan " ,2001,95 },
        b={"Shanxian", 2002,90},
        c={"Anhua" ,2003,95},d, * p=&d;
    d=a;
    if (strcmp(a.name,b.name)>0) d=b;
    if (strcmp(c.name,d.name)>0) d=c;
    printf("%ld %s\n",d.sno,p->name);
}
```

14. 下面程序的输出结果是 ___【14】___ 。

```
struct st
{
    int x;
    int * y;
} * p;
int dt[4]={20,30,40,50};
struct st aa[4]={ 50,&dt[0],60,&dt[1],70,&dt[2],80,&dt[3] };
main()
{
    p=aa;
    printf("%d ", ++p->x );
    printf("%d ", (++p)->x);
    printf("%d\n", ++( * p->y));
}
```

15. 以下函数 creatlist() 用来建立一个带头结点的单向链表,新生成的结点总是插在链表的末尾,单向链表的头指针作为函数值返回,在画线处填上正确的内容。

```
struct node
{
    int data;
    struct node * next;
};
struct node * creatlist()
{
    struct node * h, * p, * q;
    int a;
    h=(struct node *)malloc(sizeof(struct node));
    p=q=h;
    printf("input data: ");
    scanf("%d",&a);
    while (a!=0)
    {
        p=(struct node *)malloc(sizeof(struct node));
        p->data=a; q->next=p; q=p;
        scanf("%d",&a);
    }
    p->next=NULL;
    ___【15】___ ;
}
main()
{
    struct node * head;
    head=creatlist();
}
```

练习 9　文件和编译预处理

一、单选题

1. 下列关于 C 语言的叙述中正确的是_____。

　　A. 文件由一系列数据依次排列组成，只能构成二进制文件

　　B. 文件由结构系列组成，可以构成二进制文件或文本文件

　　C. 文件由数据序列组成，可以构成二进制文件或文本文件

　　D. 文件由字符序列组成，其类型只能是文本文件

2. 以下叙述错误的是_____。

　　A. C 语言中，对二进制文件访问速度比文本文件快

　　B. C 语言中，随机文件以二进制代码形式存储数据

　　C. 语句 FILE fp; 定义了一个名为 fp 的文件指针

　　D. C 语言中的文本文件以 ASCII 码形式存储数据

3. C 语言可处理的文件类型是_____。

　　A. 文本文件和数据文件　　　　　　　　B. 文本文件和二进制文件

　　B. 数据文件和二进制文件　　　　　　　C. 以上答案都不完全

4. C 语言文件的存取方式_____。

　　A. 只能顺序存取　　　　　　　　　　　B. 只能随机存取(或称直接存取)

　　C. 可以顺序存取，也可随机存取　　　　D. 只能从文件的开头进行存取

5. 下列关于 C 语言数据文件的叙述中正确的是_____。

　　A. 文件由 ASCII 码字符序列组成，C 语言只能读写文本文件

　　B. 文件由记录序列组成，可按数据的存放形式分为二进制文件和文本文件

　　C. 文件以数据流形式组成，可按数据的存放形式分为二进制文件和文本文件

　　D. 文件由二进制数据序列组成，C 语言只能读写二进制文件

6. 在 C 语言中，将内存中的数据写入文件，称为_____。

　　A. 输入　　　　　　B. 输出　　　　　　C. 修改　　　　　　D. 删除

7. 以下叙述中正确的是_____。

　　A. 打开一个已存在的文件并进行了写操作后，原有文件中的全部数据必定被覆盖

　　B. 在一个程序中当对文件进行了写操作后，必须先关闭该文件然后再打开，才能读到第 1 个数据

　　C. 当对文件的读(写)操作完成之后，必须将它关闭，否则可能导致数据丢失

　　D. C 语言中的文件是流式文件，因此只能顺序存取数据

8. 若 fp 是指向某文件的指针，且已读到文件的末尾，则 C 语言中 feof(fp) 函数的返回值是_____。

　　A. EOF　　　　　　B. −1　　　　　　C. 非 0 值　　　　　　D. NULL

9. 以下程序用于将一个名字为 f1.txt 的文本文件复制为一个名为 f2.txt 的文件，选择

正确的答案填入程序空白处。

```
main()
{
    char c;
    FILE * fp1, * fp2;
    fp1=fopen("f1.txt",_____);
    fp2=fopen("f2.txt","w");
    c=fgetc(fp1);
    while (c!=EOF)
    {   fputc(c,fp2);c=fgetc(fp1);   }
    fclose(fp1);
    fclose(fp2);
}
```

  A. "a"   B. "ab"   C. "rb+"   D. "r"

10. 下面的程序用于从键盘输入字符存放到文件中,输入以字符"♯"结束,文件名由键盘输入,选择正确的答案填入程序空白处。

```
main()
{
    FILE * fp;
    char ch, fname[20];
    printf("\nplease input name of file:"); gets(fname);
    if ((fp=fopen(fname,"w"))==NULL)
    {
        printf("can not open the filc!");
        exit(0);
    }
    printf("\n please enter string:");
    while ((ch=getchar())!='#') _____;
    fclose(fp);
}
```

  A. fputc(ch,fp)   B. fputc(fp,ch)   C. fputs(ch,fp)   D. fprintf(ch,fp)

11. 以下程序用于将数组 a 中 4 个元素写入名为 lett.dat 的二进制文件中,选择正确的答案填入程序空白处。

```
main()
{
    FILE * fp;
    char a[4]={'1','2','3','4'};
    if ((fp=fopen("lett.dat","wb"))==NULL) exit(0);
    _____;
    fclose(fp);
}
```

A. fwrite(a,sizeof(char),4,fp)　　　　B. fwrite(fp,a,sizeof(char),4)

C. fprintf(a,sizeof(char),4,fp)　　　　D. fprintf(fp,a,sizeof(char),4)

12. 下面的程序用于将磁盘中的一个文件复制到另一个文件中,两个文件的名字在命令行中给出,选择正确的答案填入程序空白处。

```
main(int argc,char * argv[])
{
    FILE * f1, * f2;
    char ch;
    if (argc<3)
    { puts("\nParameters missing."); exit(0); }
    if(((f1=fopen(argv[1],"r"))==NULL)||((f2=fopen(argv[2],"w"))==NULL))
    { printf("\nCan not open the file!"); exit(0);}
        while (!feof(f1))
            _____;
    fclose(f1);
    fclose(f2);
}
```

A. fputc(fgetc(f2),f1)　　　　B. fputc(fgetc(f1),f2)

C. fgetc(fputc(f1),f2)　　　　D. fgetc(fputc(f2),f1)

13. 以下程序的运行结果是_____。

```
main()
{
    FILE * fp; int i, k, n;
    fp=fopen("e:\\data.dat","w+");
    for (i=1;i<6;i++)
    { fprintf(fp,"%d ",i); if(i%3==0) fprintf(fp,"\n"); }
    rewind(fp);
    fscanf(fp,"%d%d",&k,&n); printf("%d %d\n",k,n);
}
```

A. 0 0　　　　　B. 123 45　　　　　C. 1 2　　　　　D. 1 4

14. 以下程序运行后,test.dat 文件内容是_____。

```
main()
{
    FILE * f;
    char * s1="Fortran", * s2="Basic";
    if (!(f=fopen("test.dat","wb"))=NULL)
    { printf("cannot open file\n"); exit(1) ;}
    fwrite(s1,7,1,f); fseek(f,0L,SEEK_SET);
    fwrite(s2,5,1,f);
    fclose(f);
}
```

A. Basican   B. BasicFortran   C. Basic   D. FortranBasic

15. 下列关于 C 语言数据文件的叙述中正确的是_____。

    A. 文件由 ASCII 码字符序列组成,C 语言只能读写文本文件

    B. 文件由记录序列组成,可按数据的存放形式分为二进制文件和文本文件

    C. 文件以数据流形式组成,可按数据的存放形式分为二进制文件和文本文件

    D. 文件由二进制数据序列组成,C 语言只能读写二进制文件

16. 在 C 语言程序中,可把整型数以二进制形式存放到文件中的函数是_____。

    A. fscan()函数   B. fread()函数   C. putc()函数   D. fwrite()函数

17. 以下与 fseek(fp,0L,SEEK_SET)函数有相同作用的函数是_____。

    A. feof(fp)   B. ftell(fp)   C. fgetc(fp)   D. rewind(fp)

18. 有以下程序,程序运行后,文件 t1.dat 中的内容是_____。

```
void WriteStr(char * fn,char * str)
{
    FILE * fp;
    fp=fopen(fn,"w");
    fputs(str,fp);
    fclose(fp);
}
main()
{
    WriteStr("t1.dat","endt");
    WriteStr("t1.dat","start");
}
```

    A. start   B. end   C. startend   D. endrt

19. 有以下程序,执行后输出结果是_____。

```
main()
{
    FILE * fp;
    int i,k=0,n=0;
    fp=fopen("d1.dat","w");
    for (i=1;i<=4;i++) fprintf(fp,"%d",i);
    fclose(fp);
    fp=fopen("d1.dat","r");
    fscanf(fp,"%d%d",&k,&n);
    printf("%d %d\n",k,n);
    fclose(fp);
}
```

    A. 1234 0   B. 1 2   C. 1 23   D. 0 0

20. 若要打开 D 盘上 user 子目录下名为 aa.txt 的文本文件进行读写操作,下面符合此要求的函数调用是_____。

    A. fopen("D:\user\aa.txt","r")   B. fopen("D:\\user\\aa.txt","r+")

C. fopen("D:\user\aa.txt","rb")　　　　D. fopen("D:\\user\\aa.txt","w")

21. 用 fopen() 函数打开一个新的二进制文件,该文件既能读也能写,则文件方式字符串应该是_____。

　　A. "ab+"　　　　　B. "wb+"　　　　　C. "rb+"　　　　　D. "ab"

22. fget() 函数的作用是从文件读入一个字符,该文件的打开方式必须是_____。

　　A. 只写　　　　　B. 追加　　　　　C. 读或写　　　　　D. B 和 C 都正确

23. feesk() 函数可实现的操作是_____。

　　A. 文件的顺序读写　　　　　　　　　B. 文件的随机读写

　　C. 改变文件指针的位置　　　　　　　D. 以上均正确

24. 函数 fgets(s,n,f) 的功能是_____。

　　A. 从 f 所指的文件中读取长度为 n 的字符串存入指针 s 所指的内存

　　B. 从 f 所指的文件中读取长度不超过 n−1 的字符串存入指针 s 所指的内存

　　C. 从 f 所指的文件中读取 n 个字符串存入指针 s 所指的内存

　　D. 从 f 所指的文件中读取长度为 n−1 的字符串存入指针 s 所指的内存

25. 若 fp 是指向某文件的指针且尚未读到文件尾,则 feof(fp) 函数的返回值是_____。

　　A. EOF　　　　　B. −1　　　　　C. 0　　　　　D. NULL

26. 下面的程序执行后,文件 test.c 中的内容是_____。

```
void fun(char * fname,char * st)
{
    FILE * myf;
    int i;
    myf=fopen(fname,"w");
    for (i=0;i<strlen(st);i++) fputc(st[i],myf);
    fclose(myf);
}
main()
{
    fun("test.c","New World");
    fun("test.c","Hello!");
}
```

　　A. New WorldHello!　　　　　　　　B. Hello!

　　C. New World　　　　　　　　　　　D. Hello! rld

27. 下面说法正确的是_____。

　　A. 预处理命令行必须位于 C 源程序的起始位置

　　B. 在 C 程序中,预处理命令都以 ♯ 开头

　　C. 每个 C 程序必须在开头包含预处理命令行 ♯include<stdio.h>

　　D. C 程序的预处理命令不能实现宏定义和条件编译的功能

28. 以下有关宏替换的叙述不正确的是_____。

　　A. 宏名不具有类型

B. 宏名必须用大写字母表示

C. 宏替换只是在编译之前对源程序中字符的简单替换

D. 宏替换不占用程序的运行时间

29. 下列程序的运行结果是_____。

```
#define PI 3.141593
main()
{
    printf("PI=%f",PI);
}
```

    A. 3.141593＝3.141593   B. PI＝3.141593

    C. 3.141593＝PI   D. 程序有误,无结果

30. 执行下列语句后,程序输出值为_____。

```
#define M 3
#define N M+1
#define NN N*N/2
main()
{
    printf("%d\n",5*NN);
}
```

    A. 18   B. 21   C. 30   D. 40

31. 若有如下宏定义,则执行语句 int z;z＝2*(N＋F(6));后的值是_____。

```
#define N 2
#define F(n) (N+1)*n
```

    A. 50   B. 34   C. 19   D. 40

32. 以下程序的运行结果是_____。

```
#define MAX(x,y) (x)>(y)?(x):(y)
main()
{
    int a=1,b=2,c=3,d=2,t;
    t=MAX(a+b,c+d)*100;
    printf("%d\n",t);
}
```

    A. 203   B. 500   C. 3   D. 300

33. 下列程序执行后的输出结果是_____。

```
#define N 2
#define M N+1
#define K M+1*M/2
main()
{
```

```
    int i;
    for (i=1 ; i<K;i++);
    printf("%d\n",i);
}
```

A. 4　　　　　　B. 5　　　　　　C. 3　　　　　　D. 6

34. 执行下面的程序后,a 的值是_____。

```
#defineSQR(X)X * X
main()
{
    inta=10,k=2,m=1;
    a/=SQR(k+m);
    printf("%d\n",a);
}
```

A. 10　　　　　　B. 2　　　　　　C. 9　　　　　　D. 0

二、填空题

1. C 语言中,若 fp 是指向某文件的指针且已读到文件的末尾,则 feof(fp)函数的返回值是___【1】___。

2. 若 fp 已正确定义并指向某个文件,当未遇到该文件结束标志时函数 feof(fp)的值为___【2】___。

3. 下面程序的功能是计算文件 abc.txt 的长度(字节数),在空白处填上正确内容。

```
main()
{
    FILE * fp;
    long int n;
    fp=fopen("abc.txt","rb");
    fseek(fp,0,SEEK_END);
    n=ftell(fp);
    ___【3】___;
    n=n-ftell(fp);
    fclose(fp);
    printf("%ld\n",n);
}
```

4. 下面程序的功能是将一个名字为 f1.txt 的文本文件复制为一个名为 f2.txt 的文件,在空白处填上正确内容。

```
main()
{
    char c;
    FILE * fp1, * fp2;
    fp1=fopen("f1.txt","r");
    fp2=fopen("f2.txt",___【4】___);
    c=fgetc(fp1);
```

```
while (c!=EOF)
{    fputc(c,fp2);c=fgetc(fp1);}
fclose(fp1);
fclose(fp2);
}
```

5. 下面程序用以统计文件 A.txt 中小写字母 a 的个数,在空白处填上正确内容。

```
main()
{
    FILE * fp;
    char m;
    long n=0;
    if ((fp=fopen("f1.txt","r"))==NULL)
    {   printf("can not open the file.\n"); exit(0); }
    while (!feof(fp))
    {   【5】 ;
        if (m=='a') n++;
    }
    fclose(fp);
    printf("%ld\n",n);
}
```

6. 下面程序的功能是从键盘输入字符并存入文件中,输入以字符@结束,文件名由键盘输入,在空白处填上正确内容。

```
main()
{
    FILE * fp;
    char c, fname[20];
    printf("please input name of file:");
    gets(fname);
    if ((fp=fopen(fname,"w"))==NULL)
    {   printf("can not open the file!"); exit(0);}
    printf("please enter string:");
    while ( 【6】 ) fputc(c,fp);
    fclose(fp);
}
```

7. 下面程序的功能是从文件中读取 10 个浮点数,并存入数组 b 中,在空白处填上正确内容。

```
main()
{
    FILE * fp;
    float b[10];
    if ((fp=fopen("a.txt","r"))==NULL)
    {   printf("\nCan not open the file"); exit(0); }
```

```
        if ( 【7】 !=10)
        if (feof(fp)) printf("\nthe end of file.");
        else printf("File read error");
        fclose(fp);
    }
```

8. 以下程序功能是将二维数组数据用%s的方式写入文件 name.dat,然后从文件中读出并显示这些数据,在空白处填上正确内容。

```
main()
{
    char p[][10]={"Tianjin","Shanghai","Beijing","Chongqing","Nanking"};
    int i;  FILE * fp;
    if ((fp=fopen("name.dat","w"))==NULL)
    {  printf("Can not open the file!"); exit(0); }
        for(i=0;i<=4;i++)
        ( 【8】 ;
    fclose(fp);
    if ((fp=fopen("name.dat","r"))==NULL)
    {  printf("Can not open the file !"); exit(0); }
    for (i=0;i<=4;i++)
    {
        fscanf(fp,"%s",p[i]);
        printf("\n%s",p[i]);
    }
    fclose(fp);
}
```

9. 假定磁盘当前目录下有文件名 a.txt、b.txt、c.txt 3 个文本文件,文件的内容分别为: AAA♯、BB♯、C♯,执行下面的程序,则输出结果是 __【9】__ 。

```
void fun(FILE *);
main()
{
    FILE * fp;
    int i=3;
    char fname[][10]={"a.txt","b.txt","c.txt"};
    while (--i>=0)
    {
        fp=fopen(fname[i],"r");
        fun(fp);
        fclose(fp);
    }
}
void fun(FILE * fp)
{  char c;
    while (((c=getc(fp))!='#')) putchar(c-32);
}
```

10. 以下程序运行后，aa.dat 文件的内容是____【10】____。

```
main()
{
    FILE * f; char * s1="Fortran", * s2="Basic";
    if (!(f=fopen(" aa.dat","wb"))=NULL)
    {  printf("cannot open file\n"); exit(1) ;   }
    fwrite(s2,5,1,f);
    rewind(f);
    fwrite(s1,7,1,f);
    fclose(f);
}
```

11. 以下程序的功能是打开新文件 aa.txt,并调用字符函数将数组 a 中的字符写入其中,请填空。

```
main()
{
    ___【11】___ ;
    char s[5]={'1','2','3','4','5'};
    int i;
    fp=fopen("aa.txt","w");
    for (i=0;i<5;i++)  fputc(s[i],fp);
    fclose(fp);
}
```

12. 下面程序的功能是把一个磁盘上的文本文件 lt.txt 中的内容原样输出到终端屏幕上,在空白处填上正确内容。

```
main()
{
    char c;
    FILE * f;
    if ((f=fopen("lt16-1.txt","r"))==NULL)
    {  printf("cannot open file\n"); exit(1) ;}
    ___【12】___ ;
    while (c!=EOF)
    {
        putchar(c);
        c=fgetc(f);
        }
        putchar('\n');
    fclose(f);
}
```

13. 下面程序的功能是将字符串"AA\n"、"BB\n"、"CCC\n"、"DDDD\n",写入文件 lx.txt 中,在空白处填上正确内容。

```
main()
```

```
    {
        FILE * f;
        char a[][9]={"AA\n","BB\n","CCC\n","DDD\n"};
        int i;
        if ((f=fopen("lx.txt","w"))==NULL)
        {   printf("cannot open file\n"); exit(1);}
            for (i=0;i<4;i++)
            【13】   ;
        fclose(f);
    }
```

14. 下面程序的功能是将文本文件 lx.txt 中的内容读出，并能够在屏幕上显示，在空白处填上正确内容。

```
    main()
    {
        FILE * f;
        char a[8][9];
        int i;
        if ((f=fopen("lx.txt","r"))==NULL)
        {   printf("cannot open file\n"); exit(1);}
        for (i=0;i<4;i++)
        {   【14】   ;
            printf("%s",a[i]);
            }
        fclose(f);
    }
```

15. 下面程序运行结果是 ___【15】___ 。

```
    main()
    {
        FILE * fp;
        int i,a[5]={1,2,3,4,5},b;
        fp=fopen("aa.dat","wb");
        for (i=0;i<=4;i++) fwrite(&a[i],sizeof(int),1,fp);
        fclose(fp);
        fp=fopen("aa.dat","rb");
        fseek(fp,3L * sizeof(int),SEEK_SET);
        fread(&b,sizeof(int),1,fp);
        fclose(fp);
        printf("%d\n",b);
    }
```

16. 下面程序运行结果是 ___【16】___ 。

```
    main()
    {
        FILE * fp;
        int i;
```

```
char ch[]="ABCDEF",t;
fp=fopen("abc.dat","wb+");
for (i=0;i<6;i++) fwrite(&ch[i],1,1,fp);
fseek(fp,-3L,SEEK_END);
fread(&t,1,1,fp);
fclose(fp);
printf("%c\n",t);
}
```

17. 写出以下程序的输出结果 【17】 。

```
#define N 2
#define Y(n) (N+1) * n
main()
{
    int z;
    z=2*(N+Y(5+2));
    printf("%d\n",z);
}
```

18. 下面程序的输出结果 【18】 。

```
#define P 2.5
#define S(x) P * x * (x)
main()
{
    int a=1,b=2;
    printf("%5.1f\n",S(a+b));
}
```

19. 以下程序的输出结果 【19】 。

```
#define PLUS(x,y) x+y
main()
{
    int a=1,b=2,c=2,sum;
    sum=PLUS(++a,b++) * c;
    printf("%d\n",sum);
}
```

20. 以下程序的输出结果 【20】 。

```
#define M 3
#define N M+M
main()
{
    int k;
    k=N*N*5;
    printf("%d\n",k);
}
```

第五篇

模 拟 练 习

模拟练习 1

一、单选题（共 40 题，每题 1.5 分，共 60 分）

1. 以下不合法的数值常量是_____。

    A. 011   B. 1e1   C. 8.0E0.5   D. 0xabcd

2. 以下叙述中错误的是_____。

    A. 用户所定义的标识符允许使用关键字

    B. 用户所定义的标识符应尽量做到"见名知意"

    C. 用户所定义的标识符必须以字母或下画线开头

    D. 用户所定义的标识符中，大、小写字母代表不同标识

3. 以下 4 组用户定义标识符中，全部合法的一组是_____。

A.	B.	C.	D.
_main	If	txt	int
enclude	-max	REAL	k_2
sin	turbo	3COM	_001

4. 以下选项中可作为 C 语言合法常量的是_____。

    A. −80.   B. −080   C. −8e1.0   D. −80.0e

5. 以下循环体的执行次数是_____。

```
main()
{
    int i,j;
    for (i=0,j=1; i<=j+1;i+=2,j--)
    printf("%d \n",i);
}
```

    A. 3   B. 2   C. 1   D. 0

6. 在一个 C 程序中_____。

    A. main()函数必须出现在所有函数之前

    B. main()函数可以在任何地方出现

    C. main()函数必须出现在所有函数之后

    D. main()函数必须出现在固定位置

7. 以下 4 个选项中，不能看作一条语句的是_____。

    A. {;}   B. a=0,b=0,c=0;

    C. if (a>0);   D. if (b==0) m=1;n=2;

8. 以下符合 C 语言语法的实型常量是_____。

    A. 1.2E0.5   B. 3.14159E   C. .5E−3   D. E15

9. 设 int a=12，则执行完语句 a+=a−=a*a 后，a 的值是_____。

A. 552　　　　　　　B. 264　　　　　　C. 144　　　　　　D. −264

10. 若有定义：

```
int a=8,b=5,c;
```

执行语句 c＝a/b＋0.4;后,c 的值是_____。

A. 1.4　　　　　　　B. 1　　　　　　　C. 2.0　　　　　　D. 2

11. 若执下面程序时从键盘上输入 5,则输出是_____。

```
main()
{
    int x;
    scanf("%d",&x);
    if (x++>5) printf("%d\n",x);
    else printf("%d\n",x--);
}
```

A. 7　　　　　　　　B. 6　　　　　　　C. 5　　　　　　　D. 4

12. 以下程序的输出结果是_____。

```
#include <stdio.h>
main()
{
    int i=10,j=10;
    printf("%d,%d\n",++i,j--);
}
```

A. 11,10　　　　　　B. 9,10　　　　　C. 010,9　　　　　D. 10,9

13. 以下叙述中正确的是_____。

A. C 语言比其他语言高级

B. C 语言可以不用编译就能被计算机识别执行

C. C 语言有接近英语国家的自然语言和数学语言作为语言的表达形式

D. C 语言出现最晚,具有其他语言的一切优点

14. 以下叙述中正确的是_____。

A. C 语言的源程序不必通过编译就可以直接运行

B. C 语言中的每条可执行语句最终都将被转换成二进制的机器指令

C. C 源程序经编译形成的二进制代码可以直接运行

D. C 语言中的函数不可以单独进行编译

15. 以下叙述中正确的是_____。

A. 用 C 程序实现的算法必须要有输入和输出操作

B. 用 C 程序实现的算法可以没有输出但必须要有输入

C. 用 C 程序实现的算法可以没有输入但必须要有输出

D. 用 C 程序实现的算法可以既没有输入也没有输出

16. 在函数调用过程中,如果函数 funA()调用了函数 funB(),函数 funB()又调用了函

数 funA(),则_____。

  A. 称为函数的直接递归调用   B. 称为函数的间接递归调用

  C. 称为函数的循环调用   D. C 语言中不允许这样的递归调用

17. 有如下程序

```
int func(int a,int b)
{   return(a+b); }
main()
{
    int x=2,y=5,z=8,r;
    r=func(func(x,y),z);
    printf("%d\n",r);
}
```

该程序的输出结果是_____。

  A. 12   B. 13   C. 14   D. 15

18. 以下程序的输出结果是_____。

```
#include <stdio.h>
sub1(char a,char b)   {char c; c=a;a=b;b=c;}
sub2(char * a,char b)   {char c; c= * a; * a=b;b=c;}
sub3(char * a,char * b)   {char c; c= * a; * a= * b; * b=c;}
main()
{
    char a,b;
    a='A';b='B';sub3(&a,&b);putchar(a);putchar(b);
    a='A';b='B';sub2(&a,b);putchar(a);putchar(b);
    a='A';b='B';sub1(a,b);putchar(a);putchar(b);
}
```

  A. BABBAB   B. ABBBBA   C. BABABA   D. BAABBA

19. 当执行下面的程序时,如果输入 ABC,则输出结果是_____。

```
#include "stdio.h"
#include "string.h"
main()
{
    char ss[10]="12345";
    gets(ss);
    strcat(ss,"6789");
    printf("%s\n",ss);
}
```

  A. ABC6789   B. ABC67   C. 12345ABC6   D. ABC456789

20. 若已定义的函数有返回值,则以下关于该函数调用的叙述中错误的是_____。

  A. 函数调用可以作为独立的语句存在

B. 函数调用可以作为一个函数的实参

C. 函数调用可以出现在表达式中

D. 函数调用可以作为一个函数的形参

21. 有如下函数调用语句

```
func(rec1,rec2+rec3,(rec4,rec5));
```

该函数调用语句中,含有的实参个数是_____。

    A. 3   B. 4   C. 5   D. 有语法错

22. 以下程序的输出结果是_____。

```
main()
{
    int a[3][3]={{1,2},{3,4},{5,6}},i,j,s=0;
    for (i=1;i<3;i++)
        for (j=0;j<=i;j++) s+=a[i][j];
    printf("%d\n",s);
}
```

    A. 18   B. 19   C. 20   D. 21

23. 以下数组定义中错误的是_____。

    A. int x[][3]={0};

    B. int x[2][3]={{1,2},{3,4},{5,6}};

    C. int x[][3]={{1,2,3},{4,5,6}};

    D. int x[2][3]={1,2,3,4,5,6};

24. 定义如下变量和数组:

```
int i;
int x[3][3]={1,2,3,4,5,6,7,8,9};
```

则下面语句的输出结果是_____。

```
for (i=0;i<3;i++) printf("%d ",x[i][2-i]);
```

    A. 1 5 9   B. 1 4 7   C. 3 5 7   D. 3 6 9

25. 下列关于 C 语言数据文件的叙述中正确的是_____。

    A. 文件由 ASCII 码字符序列组成,C 语言只能读写文本文件

    B. 文件由二进制数据序列组成,C 语言只能读写二进制文件

    C. 文件由记录序列组成,可按数据的存放形式分为二进制文件和文本文件

    D. 文件以数据流形式组成,可按数据的存放形式分为二进制文件和文本文件

26. 以下与函数 fseek(fp,0L,SEEK_SET)有相同作用的是_____。

    A. feof(fp)   B. ftell(fp)   C. fgetc(fp)   D. rewind(fp)

27. 下列叙述中正确的是_____。

    A. break 语句只能用于 switch 语句

    B. 在 switch 语句中必须使用 default

C. break 语句必须与 switch 语句中的 case 配对使用

D. 在 switch 语句中，不一定使用 break 语句

28. 设 x、y、z 均为整型变量,则执行语句:

x=y=3;t=++x||++y;

后,y 的值为_____。

    A. 不定值   B. 4   C. 3   D. 1

29. 有以下程序

```c
main()
{
    int i=0,s=0;
    do
    {
        if (i%2) { i++; continue; }
        i++;
        s+=i;
    }
    while (i<7);
    printf("%d\n",s);
}
```

执行后输出结果是_____。

    A. 16   B. 12   C. 28   D. 21

30. 下面程序的输出是_____。

```c
#include <stdio.h>
#include <string.h>
main()
{
    char * p1="abc", * p2="ABC",str[50]="xyz";
    strcpy(str+2,strcat(p1,p2));
    printf("%s\n",str);
}
```

    A. xyzabcABC   B. zabcABC   C. yzabcABC   D. xyabcABC

31. 有以下程序

```c
main()
{
    char s[]={"aeiou"}, * ps;
    ps=s;
    printf("%c\n", * ps+4);
}
```

程序运行后的输出结果是_____。

A. a   B. e   C. u   D. 元素 s[4]的地址

32. 若有以下定义和语句

```
char c1='b',c2='e';
printf("%d,%c\n",c2-c1,c2-'a'+'A');
```

则输出结果是_____。

    A. 2,M

    B. 3,E

    C. 2,E

    D. 输出项与对应的格式控制不一致,输出结果不确定

33. 以下选项中,非法的字符常量是_____。

    A. '\t'   B. '\17'   C. "\n"   D. '\xaa'

34. 若有以下程序片段:

```
char str[]="ab\n\012\\\"";
printf("%d",strlen(str));
```

上面程序片段的输出结果是_____。

    A. 3   B. 4   C. 6   D. 12

35. 有以下程序

```
#include <stdio.h>
void WriteStr(char * fn,char * str)
{
    FILE * fp;
    fp=fopen(fn,"w");
    fputs(str,fp);
    fclose(fp);
}
main()
{
    WriteStr("t1.dat","start");
    WriteStr("t1.dat","end");
}
```

程序运行后,文件 t1.dat 中的内容是_____。

    A. start   B. end   C. startend   D. endrt

36. 有以下程序

```
main()
{
    int a[][3]={{1,2,3},{4,5,0}},( * pa)[3],i;
    pa=a;
    for (i=0;i<3;i++)
        if (i<2) pa[1][i]=pa[1][i]-1;
```

```
        else pa[1][i]=1;
    printf("%d\n",a[0][1]+a[1][1]+a[1][2]);
}
```

执行后输出结果是_____。

    A. 7   B. 6   C. 8   D. 无确定值

37. 有以下程序

```
main()
{
    char a,b,c,d;
    scanf("%c,%c,%d,%d",&a,&b,&c,&d);
    printf("%c,%c,%c,%c\n",a,b,c,d);
}
```

若运行时从键盘上输入"6,5,65,66<回车>",则输出结果是_____。

    A. 6,5,A,B   B. 6,5,65,66   C. 6,5,6,5   D. 6,5,6,6

38. 下列程序的输出结果是_____。

```
main()
{
    char ch[2][5]={"6934","8254"},*p[2];
    int i,j,s=0;
    for (i=0;i<2;i++)
        p[i]=ch[i];
    for (i=0;i<2;i++)
        for (j=0;p[i][j]>'\0'&&p[i][j]<='9';j+=2)
            s=10*s+p[i][j]-'0';
    printf("%d\n",s);
}
```

    A. 6385   B. 69825   C. 63825   D. 693 825

39. 有以下程序

```
main()
{
    int i=1,j=2,k=3;
    if (i++==1&&(++j==3||k++==3)) printf("%d %d %d\n",i,j,k);
}
```

程序运行后的输出结果是_____。

    A. 1 2 3   B. 2 3 4   C. 2 2 3   D. 2 3 3

40. 以下程序的输出结果是_____。

```
#include <string.h>
main()
{
    char *p1,*p2,str[50]="ABCDEFG";
```

```
    p1="abcd";
    p2="efgh";
    strcpy(str+1,p2+1);
    strcpy(str+3,p1+3);
    printf("%s",str);
}
```

    A. AfghdEFG   B. Abfhd   C. Afghd   D. Afgd

二、程序填空题（共 1 题，共 10 分）

给定程序的功能是用冒泡法对 6 个字符进行排序。

请在程序的下画线处填入正确的内容并把下画线删除，使程序得出正确的结果。

使用 Visual C++ 2010 Express 打开考生文件夹 proj1 下的工程文件 proj1.sln。找到工程下 proj1 下的文件夹"源文件"，打开其中的 blank1.c 文件。

注意：不得增行或删行，也不得更改程序的结构！

```c
#include <stdio.h>
#include <string.h>
#define MAXLINE 20
void fun ( char * pstr[6])
{
    int i, j ;
    char * p ;
    for (i =0 ; i <5 ; i++)
    {
        for (j =i +1; j <6; j++)
        {
            if (strcmp( * (pstr+i), * (pstr+j))【1】)
            {
                p=*(pstr +i) ;
                pstr[i]=_【2】_ ;
                *(pstr +j) =_【3】_ ;
            }
        }
    }
}
main()
{
    int i ;
    char * pstr[6], str[6][MAXLINE] ;

    for (i =0; i <6 ; i++) pstr[i] =str[i] ;
    printf( "\nEnter 6 string(1 string at each line): \n" ) ;
    for (i =0 ; i <6 ; i++) scanf("%s", pstr[i]) ;
    fun(pstr) ;
    printf("The strings after sorting:\n") ;
```

```
    for (i=0 ; i<6 ; i++) printf("%s\n", pstr[i]) ;
    system("pause");
}
```

三、程序修改题（共 2 题，每题 10 分，共 20 分）

1. 下面给定程序函数 fun()的功能是用选择法对数组中的 n 个元素按从小到大的顺序进行排序。

请修改程序中的错误，使它能计算出正确的结果。

注意：不要改动 main()函数，不得增行和删行，也不得更改程序的结构。

```
#include <stdio.h>
#define N 20
void fun(int a[],int n)
{
    int i,j,t,p;
    for (j=0 ;j<n-1 ;j++) {
/************FOUND【1】************/
        p=i;
        for (i=j;i <n; i++)
            if (a[i]<a[p])
                /************FOUND【2】************/
                    p=j;
        t=a[p] ; a[p]=a[j] ; a[j]=t;
    }
}
main()
{
    int a[N]={9,6,8,3,-1},i,m=5;
    printf("排序前的数据:") ;
    for (i=0;i<m;i++) printf("%d ",a[i]); printf("\n");
    fun(a,m);
    printf("排序后的数据:") ;
    for (i=0;i<m;i++) printf("%d ",a[i]); printf("\n");
    system("pause");
}
```

2. 下面给定程序中函数 fun 的功能是：交换主函数中两个变量的值。例如：若变量 a 中的值原为 8，b 中的值为 3。程序运行后 a 中的值为 3，b 中的值为 8。

请改正程序中的错误，使它能计算出正确的结果。

注意：不要改动 main()函数，不得增加或删除行，也不得更改程序的结构。

```
#include <stdio.h>
/*********found【1】*********/
int fun(int x,int y)
{
    int t;
```

```
          /*********found【2】**********/
          t=x;x=y;y=t;
}
main()
{
    int a,b;
    a=8;b=3;
    fun(&a,&b);
    printf("%d,%d\n",a,b);
    system("pause");
}
```

四、程序设计题（共 1 题，共 10 分）

编写一个函数 void fun(char p1[]，char p2[])，它的功能是实现两个字符串的连接（不使用库函数 strcat）。

例如，输入下面两个字符串：

```
FirstString--
SecondString
```

程序输出：

```
FirstString--SecondString
```

注意：请勿改动主函数 main() 和其他函数中的任何内容，仅在函数 fun() 的"{ }"中填入你编写的若干语句。

```
#include <stdio.h>
#include <conio.h>
void fun(char p1[], char p2[])
{    /*补全代码*/



}
NONO ()
{/* 本函数用于打开文件,输入测试数据,调用 fun()函数,输出数据,关闭文件。*/
    int i;
    FILE * rf, * wf;
    char s1[80], s2[40];
    rf=fopen("bc02.in","r");
    wf=fopen("bc02.out","w");
    for (i=0 ; i<10 ; i++)
    {
        fscanf(rf,"%s",s1);
```

```
        fscanf(rf,"%s",s2);
        fun(s1, s2);
        fprintf(wf,"%s\n",s1);
    }
    fclose(rf);
    fclose(wf);
}
main()
{
    char s1[80], s2[40];
    printf("Enter s1 and s2:\n");
    scanf("%s%s",s1,s2);
    printf("s1=%s\n",s1);
    printf("s2=%s\n",s2);
    printf("Invoke fun(s1,s2):\n");
    fun(s1,s2) ;
    printf("After invoking:\n");
    printf("%s\n",s1);
    NONO();
    system("pause");
}
```

模拟练习 2

一、单选题（共 40 题，每题 1.5 分，共 60 分）

1. 下列变量定义中合法的是＿＿＿＿＿。

    A. short _a＝1－.1e－1；   B. double b＝1＋5e2.5；

    C. long do＝0xfdaL；   D. float 2_and＝1－e－3；

2. 下列定义变量的语句中错误的是＿＿＿＿＿。

    A. int _int   B. double int_   C. char For   D. float US＄

3. 以下不合法的数值常量是＿＿＿＿＿。

    A. 011   B. 1e1   C. 8.0E0.5   D. 0xabcd

4. 以下选项中可作为 C 语言合法常量的是＿＿＿＿＿。

    A. －80.   B. －080   C. －8e1.0   D. －80.0e

5. 以下不能定义为用户标识符的是＿＿＿＿＿。

    A. Main   B. _0   C. _int   D. sizeof

6. 下列程序执行后输出的结果是＿＿＿＿＿。

```c
int d=1;
fun (int p)
{
    int d=5;
    d+=p++;
    printf("%d",d);
}
main()
{
    int a=3;
    fun(a);
    d+=a++;
    printf("%d\n",d);
}
```

    A. 84   B. 96   C. 94   D. 85

7. 以下 4 个选项中，不能看作一条语句的是＿＿＿＿＿。

    A. ｛;｝   B. a＝0,b＝0,c＝0；

    C. if(a＞0);   D. if(b＝＝0) m＝1;n＝2;

8. 设 int a＝12,则执行完语句 a＋＝a－＝a＊a 后,a 的值是＿＿＿＿＿。

    A. 552   B. 264   C. 144   D. －264

9. 下列程序的输出结果是＿＿＿＿＿。

```c
main()
```

```
{
    double d=3.2; int x,y;
    x=1.2;y=(x+3.8)/5.0;
    printf("%d \n",d*y);
}
```

A. 3   B. 3.2   C. 0   D. 3.07

10. 设 x、y 均为 int 型变量,且 x＝10,y＝3,则以下语句的输出结果是_____。

```
printf("%d,%d\n",x--,--y);
```

A. 10,3   B. 9,3   C. 9,2   D. 10,2

11. 执行下面程序中的输出语句,a 的值是_____。

```
main()
{
    int a;
    printf("%d\n",(a=3*5,a*4,a+5));
}
```

A. 65   B. 20   C. 15   D. 10

12. 以下叙述中正确的是_____。

    A. C 语言比其他语言高级

    B. C 语言可以不用编译就能被计算机识别执行

    C. C 语言有接近英语国家的自然语言和数学语言作为语言的表达形式

    D. C 语言出现最晚,具有其他语言的一切优点

13. 以下叙述中正确的是_____。

    A. C 语言的源程序不必通过编译就可以直接运行

    B. C 语言中的每条可执行语句最终都将被转换成二进制的机器指令

    C. C 源程序经编译形成的二进制代码可以直接运行

    D. C 语言中的函数不可以单独进行编译

14. 用 C 语言编写的代码程序_____。

    A. 可立即执行   B. 是一个源程序

    C. 经过编译即可执行   D. 经过编译解释才能执行

15. 结构化程序由三种基本结构组成,三种基本结构组成的算法_____。

    A. 可以完成任何复杂的任务   B. 只能完成部分复杂的任务

    C. 只能完成符合结构化的任务   D. 只能完成一些简单的任务

16. 以下叙述中正确的是_____。

    A. 用 C 程序实现的算法必须要有输入和输出操作

    B. 用 C 程序实现的算法可以没有输出但必须要有输入

    C. 用 C 程序实现的算法可以没有输入但必须要有输出

    D. 用 C 程序实现的算法可以既没有输入也没有输出

17. 有以下程序

```
main()
{
    int m,n,p;
    scanf("m=%dn=%dp=%d",&m,&n,&p);
    printf("%d%d%d\n",m,n,p);
}
```

若想从键盘上输入数据,使变量 m 中的值为 123,n 中的数值为 456,p 中的值为 789,则正确的输入是_____。

      A. m＝123n＝456p＝789

      B. m＝123 n456 p＝789

      C. m＝123,n＝456,p＝789

      D. 123 456 789

18. 在 C 程序中,可把整型数以二进制形式存放到文件中的函数是_____。

    A. fprintf()函数   B. fread()函数   C. fwrite()函数   D. fputc()函数

19. 有以下程序

```
#include <stdio.h>
main()
{
    FILE * fp1;
    fp1=fopen("f1.txt","w");
    fprintf(fp1,"abc");
    fclose(fp1);
}
```

若文本文件 f1.txt 中原有内容为 good,则运行以下程序后文件 f1.txt 中的内容为_____。

    A. goodabc   B. abcd   C. abc   D. abcgood

20. 在以下给出的表达式中,与 while(E)中的(E)不等价的表达式是_____。

    A. (! E==0)   B. (E>0||E<0)   C. (E==0)   D. (E! =0)

21. 以下程序的输出结果是_____。

```
main()
{
    int x=05;
    char z='a';
    printf("%d\n",(x&1)&&(z<'z'));
}
```

    A. 0   B. 1   C. 2   D. 编译出错

22. 有以下程序

```
main()
{
```

```
    int i,s=0;
    for (i=1;i<10;i+=2) s+=i+1;
    printf("%d\n",s);
}
```

程序执行后的输出结果是_____。

    A. 自然数 1~9 的累加和   B. 自然数 1~10 的累加和

    C. 自然数 1~9 中的奇数之和   D. 自然数 1~10 中的偶数之和

23. 阅读下列程序:

```
main()
{
    int n[3],i,j,k;
    for(i=0;i<3;i++) n[i]=0;
    k=2;
    for (i=0;i<k;i++)
        for (j=0;j<k;j++) n[j]=n[i]+1;
    printf("%d\n",n[1]);
}
```

下述程序运行后的输出结果是_____。

   A. 2   B. 1   C. 0   D. 3

24. 有如下程序段

```
main()
{
    int a=5,*b,**c;
    c=&b;
    b=&a;
    ...
}
```

程序在执行 c=&b;b=&a;语句后,表达式 **c 的值是_____。

    A. 变量 a 的地址   B. 变量 b 中的值

    C. 变量 a 中的值   D. 变量 b 的地址

25. 已定义如下函数

```
fun(char *p2,char *p1)
{
    while((*p2=*p1)!='\0')
    {
        p1++;
        p2++;
    }
}
```

函数的功能是_____。

A. 将 p1 所指字符串复制到 p2 所指内存空间

B. 将 p1 所指字符串的地址赋给指针 p2

C. 对 p1 和 p2 两个指针所指字符串进行比较

D. 检查 p1 和 p2 两个指针所指字符串中是否有'\0'

26. 有如下程序段

```
int*p,a=10,b=1;
p=&a;
a=*p+b;
```

执行该程序后,a 的值为_____。

    A. 12   B. 11   C. 10   D. 编译出错

27. 以下不能正确进行字符串赋初值的语句是_____。

    A. char str[5]="good!";   B. char str[]="good!";

    C. char * str="good!";   D. char str[5]={'g','o','o','d'};

28. 设有

```
static char str[]="Beijing";
```

则执行

```
printf("%d\n",strlen(strcpy(str,"China")));
```

后的输出结果为_____。

    A. 5   B. 7   C. 12   D. 14

29. 有以下程序

```
main()
{
    char s[]={"aeiou"},*ps;
    ps=s;
    printf("%c\n",*ps+4);
}
```

程序运行后的输出结果是_____。

    A. a   B. e   C. u   D. 元素 s[4]的地址

30. 有以下程序

```
void swap(char * x,char * y)
{
    char t;
    t=*x;
    *x=*y;
    *y=t;
}
main()
{
```

```
char * s1="abc", * s2="123";
swap(s1,s2);
printf("%s,%s\n",s1,s2);
}
```

程序执行后的输出结果是_____。

　　A. 123,abc　　　　　B. abc,123　　　　　C. 1bc,a23　　　　D. 321,cba

31. 有以下程序

```
#include <stdio.h>
main()
{
    FILE * fp;
    int i;
    char ch[]="abcd",t;
    fp=fopen("abc.dat","wb+");
    for (i=0;i<4;i++) fwrite(&ch[i],1,1,fp);
    fseek(fp,-2L,SEEK_END);
    fread(&t,1,1,fp);
    fclose(fp);
    printf("%c\n",t);
}
```

程序执行后的输出结果是_____。

　　A. d　　　　　　　B. c　　　　　　　C. b　　　　　　　D. a

32. 以下程序的输出结果是_____。

```
#include <string.h>
main()
{
    char * a="abcdefghi";
    int k;
    fun(a);
    puts(a);
}
fun(char * s)
{
    int x,y;
    char c;
    for (x=0,y=strlen(s)-1;x<y;x++,y--)
    {
        c=s[y];
        s[y]=s[x];
        s[x]=c;
    }
}
```

A. ihgfedcba   B. abcdefghi

C. abcdedeba   D. ihgfefghi

33. 有以下程序

```
main()
{
    int a[][3]={{1,2,3},{4,5,0}},(*pa)[3],i;
    pa=a;
    for (i=0;i<3;i++)
        if (i<2)  pa[1][i]=pa[1][i]-1;
        else   pa[1][i]=1;
    printf("%d\n",a[0][1]+a[1][1]+a[1][2]);
}
```

执行后的输出结果是_____。

    A. 7   B. 6   C. 8   D. 无确定值

34. 若变量已正确定义，要求程序段完成求 5! 的计算，不能完成此操作的程序段
是_____。

    A. for (i=1,p=1;i≤5;i++) p*=i;

    B. for (i=1;i≤5;i++) { p=1; p*=i; }

    C. i=1;p=1;while(i≤5) { p*=i; i++; }

    D. i=1;p=1;do{ p*=i; i++; } while(i≤5);

35. 以下程序的输出结果是_____。

```
main()
{
    int i;
    for (i=1;i<6;i++)
    {
        if (i%2) { printf("#"); continue; }
        printf("*");
    }
    printf("\n");
}
```

    A. ＃*＃*＃   B. ＃＃＃＃＃   C. *****   D. *＃*＃*

36. 有以下程序

```
main()
{
    char a[7]="a0\0a0\0";
    int i,j;
    i=sizeof(a);
    j=strlen(a);
    printf("%d %d\n",i,j);
}
```

程序运行后的输出结果是_____。

    A. 2 2   B. 7 6   C. 7 2   D. 6 2

37. 本题分值(1.5 分)

有以下程序

```
main()
{
    char p[]={'a','b','c'},q[]="abc";
    printf("%d %d \n",sizeof(p),sizeof(q));
};
```

程序运行后和输出结果是_____。

    A. 4 4   B. 3 3   C. 3 4   D. 4 3

38. 当把以下 4 个表达式用作 if 语句的控制表达式时,有一个选项含义不同,这个选项是_____。

    A. K％2   B. K％2＝＝1   C. (K％2)！＝0   D.！K％2＝＝1

39. 以下只有在使用时才为该类型变量分配的存储类说明是_____。

    A. auto 和 static   B. auto 和 register

    C. register 和 static   D. extern 和 register

40. 下列描述中不正确的是_____。

    A. 字符型数组中可以存放字符串

    B. 可以对字符型数组进行整体输入输出

    C. 可以对整型数组进行整体输入输出

    D. 不能在赋值语句中通过赋值运算符"＝"对字符型数组进行整体赋值

二、程序填空题(共 1 题,共 10 分)

给定程序的功能是:调用函数 fun 将指定源文件中的内容复制到指定的目标文件中,复制成功时函数返回值为1,失败时返回值为0。在复制过程中,把复制的内容输出到终端屏幕。主函数中源文件名放在变量 sfname 中,目标文件名放在变量 tfname 中。

请在程序的下画线处填入正确的内容并把下画线删除,使程序得出正确的结果。

注意:不得增行或删行,也不得更改程序的结构!

```
#include <stdio.h>
#include <stdlib.h>
int fun(char * source, char * target)
{
    FILE * fs, * ft;   char ch;
    if ((fs=fopen(source, 【1】 ))==NULL)
        return 0;
    if ((ft=fopen(target, "w"))==NULL)
        return 0;
    printf("\nThe data in file :\n");
    ch=fgetc(fs);
    while ( 【2】 )
```

```
        {
            putchar( ch );
            fputc(ch,ft);
            ch= 【3】   ;
        }
        fclose(fs); fclose(ft);
        printf("\n\n");
        return 1;
    }
    main()
    {
        char sfname[20] ="myfile1",tfname[20]="myfile2";
        FILE * myf;   int i;   char c;
        myf=fopen(sfname,"w");
        printf("\nThe original data :\n");
        for (i=1; i<30; i++)
        {    c='A'+rand()%25;fprintf(myf,"%c",c); printf("%c",c); }
        fclose(myf);printf("\n\n");
        if (fun(sfname, tfname)) printf("Succeed!");
        else printf("Fail!");
    }
```

三、程序修改题(共 2 题,每题 10 分,共 20 分)

1. 下面给定程序中函数 fun()的功能是计算 $n!$。

例如,给 n 输入 5,则输出 120.000000。

请改正程序中的错误,使程序能输出正确的结果。

注意:不要改动 main()函数,不得增行或删行,也不得更改程序的结构。

```
#include <stdio.h>
#include <conio.h>
double fun ( int n )
{
    double result=1.0;
    /***********FOUND【1】* * **********/
    if n ==0
        return 1.0;
    while ( n >1 && n <170 )
    /***********FOUND【2】* * **********/
    result * =n--
    return result;
}


main ()
{
    int n;
```

```
printf("Input N:");
scanf("%d", &n);
printf("\n\n%d! =%lf\n\n", n, fun(n));
}
```

2. 下面给定程序中, fun()函数的功能是先从键盘上输入一个 3 行 3 列矩阵的各个元素的值,然后输出主对角线元素之积。

请改正程序中的错误,或在横线处填上适当的内容并把横线删除,使它能得出正确的结果。

注意:不要改动 main()函数,不得增加或删除行,也不得更改程序的结构。

```
#include <stdio.h>
int fun()
{
    int a[3][3],sum;
    /**************FOUND【1】**************/
    double i,j;
    sum=1;
    for (i=0;i<3;i++)
    {
        for (j=0;j<3;j++)
            /**************FOUND【2】**************/
            scanf("%d",a[i][j]);
    }
    for (i=0;i<3;i++)
        sum=sum * a[i][i];
    printf("Sum=%d\n",sum);
}
main()
{
    fun();
}
```

四、程序设计题(共 1 题,共 10 分)

请编写一个函数 void fun (char   * s),函数的功能是把字符串 s 中的内容逆置。

例如:s 串中原来的字符串为"abcdefg",则调用该函数后,s 串变为:"gfedcba"。

注意:请勿改动主函数 main()和其他函数中的任何内容,仅在函数 fun()的"{}"中填入编写的若干语句。

```
#include <string.h>
#include <conio.h>
#include <stdio.h>
#define N 81
void fun( char * s )
{
}
```

```
NONO()
{ /* 请在此函数内打开文件,输入测试数据,调用 fun()函数,输出数据,关闭文件 */
int i;
    char a[N];
    FILE * rf, * wf;
    rf=fopen("bc8.in", "r");
    wf=fopen("bc8.out", "w");
    for (i =0 ; i <10 ; i++)
    {
        fscanf(rf, "%s", a);
        fun(a);
        fprintf(wf, "%s\n", a);
    }
    fclose(rf);
    fclose(wf);
}
main()
{
    char a[N];
    printf( "Enter a string : " ); gets ( a );
    printf( "The original string is : " ); puts( a );
    fun( a );
    printf("\n");
    printf( "The string after modified : ");
    puts( a );
    NONO();
}
```

模拟练习 3

一、单选题（共 40 题，每题 1.5 分，共 60 分）

1. 下列关于 C 语言用户标识符的叙述中正确的是_____。

    A. 用户标识符中可以出现下画线和减号

    B. 用户标识符中不可以出现中画线，但可以出现下画线

    C. 用户标识符中可以出现下画线，但不可以放在用户标识符的开头

    D. 用户标识符中可以出现下画线和数字，它们都可以放在用户标识符的开头

2. 以下叙述中错误的是_____。

    A. 用户所定义的标识符允许使用关键字

    B. 用户所定义的标识符应尽量做到"见名知意"

    C. 用户所定义的标识符必须以字母或下画线开头

    D. 用户所定义的标识符中，大写、小写字母代表不同标识

3. 以下 4 组用户定义标识符中，全部合法的一组是_____。

    A. `_main`   B. `If`   C. `txt`   D. `int`

       `enclude`   `-max`   `REAL`   `k_2`

       `sin`   `turbo`   `3COM`   `_001`

4. 以下不能定义为用户标识符的是_____。

    A. `scanf`   B. `Void`   C. `_3com_`   D. `int`

5. 下列选项中，合法的 C 语言关键字是_____。

    A. `VAR`   B. `cher`   C. `integer`   D. `default`

6. 在一个 C 程序中_____。

    A. main() 函数必须出现在所有函数之前

    B. main() 函数可以在任何地方出现

    C. main() 函数必须出现在所有函数之后

    D. main() 函数必须出现在固定位置

7. 设 int a＝12，在执行完语句 a＋＝a－＝a＊a 后，a 的值是_____。

    A. 552   B. 264   C. 144   D. －264

8. 设有定义：

`float a=2,b=4,h=3;`

以下 C 语言表达式与代数式 1/2((a＋b)h) 计算结果不相符的是_____。

    A. (a＋b)＊h/2   B. (1/2)＊(a＋b)＊h

    C. (a＋b)＊h＊1/2   D. h/2＊(a＋b)

9. 假定 x 和 y 为 double 型，则表达式 x＝2，y＝x＋3/2 的值是_____。

    A. 3.500000   B. 3   C. 2.000000   D. 3.000000

10. 若已定义 x 和 y 为 double 类型,则表达式 x＝1,y＝x＋3/2 的值是_____。

    A. 1   B. 2   C. 2.000000   D. 2.500000

11. 以下 C 语言中运算对象是整型的运算符的是_____。

    A. ％＝   B. /   C. ＝   D. <＝

12. 若执行以下程序时从键盘上输入 5,

```
main()
{
    int x;
    scanf("%d",&x);
    if (x++>5) printf("%d\n",x);
    else printf("%d\n",x--);
}
```

则输出是_____。

    A. 7   B. 6   C. 5   D. 4

13. 读程序:

```
#include <stdio.h>
func(int a, int b)
{
    int c;
    c=a+b;
    return c;
}
main()
{
    int x=6, y=7, z=8, r;
    r=func((x--,y++,x+y),z--);
    printf("%d\n",r);
}
```

上面程序的输出结果是_____。

    A. 11   B. 20   C. 21   D. 31

14. 有以下程序

```
int fun(int x[],int n)
{
    static int sum=0,i;
    for (i=0;i<n;i++) sum+=x[i];
    return sum;
}
main()
{
    int a[]={1,2,3,4,5},b[]={6,7,8,9,},s=0;
    s=fun(a,5)+fun(b,4);
```

```
        printf("%d\n",s);
}
```

程序执行后的输出结果是_____。

    A. 45   B. 50   C. 60   D. 55

15. C语言中用于结构化程序设计的三种基本结构是_____。

    A. 顺序结构、选择结构、循环结构   B. if、switch、break

    C. for、while、do-while   D. if、for、continue

16. 有如下程序

```
main()
{
    int a[3][3], * p,i;
    p=&a[0][0];
    for (i=0;i<9;i++) p[i]=i+1;
    printf("%d\n",a[1][2]);
}
```

程序运行后的输出结果是_____。

    A. 3   B. 6   C. 9   D. 2

17. 请读程序：

```
#include <stdio.h>
f(int b[],int n)
{
    int i,r;
    r=1;
    for (i=0;i<=n;i++) r=r*b[i];
    return r;
}
main()
{
    int x,a[]={2,3,4,5,6,7,8,9};
    x=f(a,3);
    printf("%d\n",x);
}
```

上面程序的输出结果是_____。

    A. 720   B. 120   C. 24   D. 6

18. 若已定义

```
int a[]={0,1,2,3,4,5,6,7,8,9}, * p=a,i;
```

其中 $0 \leqslant i \leqslant 9$，则对数组元素不正确的引用是_____。

    A. a[p－a]   B. *(&a[i])   C. p[i]   D. a[10]

19. 有如下程序

```
main()
{
    int n[5]={0,0,0},i,k=2;
    for (i=0;i<k;i++) n[i]=n[i]+1;
    printf("%d\n",n[k]);
}
```

该程序的输出结果是_____。
    A. 不确定的值   B. 2   C. 1   D. 0

20. 已有定义：int i,a[10],*p；则合法的赋值语句是_____。
    A. p=100;   B. p=a[5];   C. p=a[2]+2;   D. p=a+2;

21. 下面程序的输出是_____。

```
main()
{
    int k=11;
    printf("k=%d,k=%o,k=%x\n",k,k,k);
}
```

    A. k=11,k=12,k=11   B. k=11,k=13,k=13
    C. k=11,k=013,k=0xb   D. k=11,k=13,k=b

22. 以下叙述中不正确的是_____。
    A. C 语言中的文本文件以 ASCII 码形式存储数据
    B. C 语言中对二进制文件的访问速度比文本文件快
    C. C 语言中，随机读写方式不适用于文本文件
    D. C 语言中，顺序读写方式不适用于二进制文件

23. 若要打开 A 盘上 user 子目录下名为 abc.txt 的文本文件进行读写操作，下面符合此要求的函数调用是_____。
    A. fopen("A:\user\abc.txt","r")   B. fopen("A:\\user\\abc.txt","r+")
    C. fopen("A:\user\abc.txt","rb")   D. fopen("A:\\user\\abc.txt","w")

24. 设 fp 为指向某二进制文件的指针，且已读到此文件末尾，则函数 feof(fp) 的返回值为_____。
    A. EOF   B. 非 0 值   C. 0   D. NULL

25. 以下叙述正确的是_____。
    A. do…while 语句构成的循环不能用其他语句构成的循环来代替
    B. do…while 语句构成的循环只能用 break 语句退出
    C. 用 do…while 语句构成的循环，在 while 后的表达式非零时结束循环
    D. 用 do…while 语句构成的循环，在 while 后的表达式为零时结束循环

26. 有以下程序

```
main()
{
    char s[]="ABCD",*p;
```

```
        for (p=s+1;p<s+4;p++)
            printf("%s\n",p);
    }
```

程序运行后的输出结果是_____。

A.	B.	C.	D.
ABCD	A	B	BCD
BCD	B	C	CD
CD	C	D	D
D	D		

27. 有以下程序

```
main()
{
    int i,n=0;
    for (i=2;i<5;i++)
    {
        do
        {
            if (i%3) continue;
            n++;
        }
        while (!i);
        n++;
    }
    printf("n=%d\n",n);
}
```

程序执行后的输出结果是_____。

    A. n=5   B. n=2   C. n=3   D. n=4

28. 设有

```
static char str[]="Beijing";
```

则执行

```
printf("%d\n",strlen(strcpy(str,"China")));
```

后的输出结果为_____。

    A. 5   B. 7   C. 12   D. 14

29. 以下不合法的字符常量是_____。

    A. '\o18'   B. '\"'   C. '\\'   D. '\xcc'

30. 以下选项中的字符常量是_____。

    A. "B"   B. '\010'   C. 68   D. D

31. 以下程序的输出结果是_____。

```
char s[]="\\141\141abc\t";
printf("%d\n",strlen(s));
```

  A. 9   B. 12   C. 13   D. 14

32. 有以下函数

```
fun(char * a,char * b)
{
    while ((* a!='\0')&&(* b!='\0')&&(* a== * b))
    {
        a++;
        b++;
    }
    return (* a- * b);
}
```

该函数的功能是_____。

  A. 计算 a 和 b 所指字符串的长度之差

  B. 将 b 所指字符串复制到 a 所指字符串中

  C. 将 b 所指字符串连接到 a 所指字符串中

  D. 比较 a 和 b 所指字符串的大小

33. 有以下程序

```
main()
{
    char a,b,c,d;
    scanf("%c,%c,%d,%d",&a,&b,&c,&d);
    printf("%c,%c,%c,%c\n",a,b,c,d);
}
```

若运行时从键盘上输入"6,5,65,66<回车>",则输出结果是_____。

  A. 6,5,A,B   B. 6,5,65,66   C. 6,5,6,5   D. 6,5,6,6

34. 若执行下面的程序时从键盘上输入"3"和"4",则输出是_____。

```
main()
{
    int a,b,s;
    scanf("%d %d",&a,&b);
    s=a;
    if (a<b) s=b;
        s=s * s;
    printf("%d\n",s);
}
```

  A. 14   B. 16   C. 18   D. 20

35. 以下程序的输出结果是_____。

```
#include <string.h>
main()
{
    char * p1, * p2,str[50]="ABCDEFG";
    p1="abcd";
    p2="efgh";
    strcpy(str+1,p2+1);
    strcpy(str+3,p1+3);
    printf("%s",str);
}
```

  A. AfghdEFG   B. Abfhd   C. Afghd   D. Afgd

36. 有以下程序

```
main()
{
    char a[7]="a0\0a0\0";
    int i,j;
    i=sizeof(a);
    j=strlen(a);
    printf("%d %d\n",i,j);
}
```

程序运行后的输出结果是_____。
  A. 2 2   B. 7 6   C. 7 2   D. 6 2

37. 下列条件语句中,功能与其他语句不同的是_____。
  A. if (a) printf("%d\n",x); else printf("%d\n",y);
  B. if (a==0) printf("%d\n",y); else printf("%d\n",x);
  C. if (a!=0) printf("%d\n",x); else printf("%d\n",y);
  D. if (a==0) printf("%d\n",x); else printf("%d\n",y);

38. 已有定义:

```
char a[]="xyz",b[]={'x','y','z'};
```

以下叙述中正确的是_____。
  A. 数组 a 和 b 的长度相同   B. a 数组长度小于 b 数组长度
  C. a 数组长度大于 b 数组长度   D. 上述说法都不对

39. 以下叙述中正确的是_____。
  A. C 程序中注释部分可以出现在程序中任意合适的地方
  B. "{"和"}"只能作为函数体的定界符
  C. 构成 C 程序的基本单位是函数,所有函数名都可以由用户命名
  D. 分号是 C 语言之间的分隔符,不是语句的一部分

40. 以下所列的 C 语言常量中,错误的是_____。
  A. 0xFF   B. 1.2e0.5   C. 2L   D. '\72'

二、程序填空题（共 1 题,共 10 分）

给定程序的功能是根据公式求 P 的值,结果由函数值带回。m 与 n 为两个正整数且要

求 $m>n$。

$$P = \frac{m!}{n!\,(m-n)!}$$

例如：$m=11$,$n=4$ 时,运行结果为 330.000000。

请在程序的下画线处填入正确的内容并把下画线删除,使程序得出正确的结果。

注意：不得增行或删行,也不得更改程序的结构！

```c
#include <stdio.h>
long jc(int m)
{
    long s=1;
    int i ;
    for (i=1;i<=m;i++) 【1】 ;
    return s;
}
float fun(int m, int n)
{
    float p;
    p=1.0 * jc(m)/jc(n)/ 【2】 ;
     【3】 ;
}
main()
{
    printf("P=%f\n", fun (11,4));
}
```

三、程序修改题（共 2 题,每题 10 分,共 20 分）

1. 下面给定程序中函数 fun()的功能是求二分之一的圆面积,函数通过形参得到圆的半径,函数返回二分之一的圆面积。

例如输入圆的半径值 19.527,输出为"s ＝ 598.950017"。

试改正 fun()函数中的错误,使它能得出正确的结果。

注意：不要改动 main()函数,不得增加和删除行,也不得更改程序的结构。

```c
#include  <stdio.h>
#include  <conio.h>
/**********FOUND【1】**********/
float fun ( int r )
{
    /**********FOUND【2】**********/
    return 1/2 * 3.14159* r * r;
}
main ()
{
    float x;
    printf ( "Enter x: "); scanf ( "%f", &x );
    printf ( " s =%f\n ", fun ( x ));
```

```
}
```

2. 下面给定程序中函数 fun() 的功能是按以下递归公式求函数值。

$$\text{fun}(n) = \begin{cases} 10, & n = 1 \\ \text{fun}(n-1) + 2, & n > 1 \end{cases}$$

例如,当给 n 输入 5 时,函数值为 18;当给 n 输入 3 时,函数值为 14。

请改正程序中的错误,使它能得出正确结果。

注意:不要改动 main() 函数,不得增加或删除行,也不得更改程序的结构。

```
#include <stdio.h>
/************found【1】************/
int fun (n)
{
    int c;
/************found【2】************/

    if n==1
        c = 10 ;
    else
        c = fun(n-1) + 2;
    return(c);
}
main()
{
    int n;
    printf("Enter n : "); scanf("%d",&n);
    printf("The result : %d\n\n", fun(n));
}
```

四、程序设计题(共 1 题,共 10 分)

程序定义了 $N \times N$ 的二维数组,并在主函数中自动赋值。请编写函数 fun(int a[ ][N],int n),该函数的功能是使数组左下半三角元素(包括对角线上的元素)中的值乘以 n。

例如:若 n 的值为 3,a 数组中的值为 $a = \begin{vmatrix} 1 & 9 & 7 \\ 2 & 3 & 8 \\ 4 & 5 & 6 \end{vmatrix}$,则返回主程序后 a 数组中的值应

为 $\begin{vmatrix} 3 & 9 & 7 \\ 6 & 9 & 8 \\ 12 & 15 & 18 \end{vmatrix}$。

注意:请勿改动主函数 main() 和其他函数中的任何内容,仅在函数 fun() 的"{ }"中填入编写的若干语句。

```
#include <conio.h>
#include <stdio.h>
#include <string.h>
#include <ctype.h>
#define  N 5
```

```
#define  L 6
int fun (int a[][N],int n)
{




}
NONO ()
{ /* 本函数用于打开文件,输入测试数据,调用 fun() 函数,输出数据,关闭文件。 */
  int ss[N][N] ;
  int i,j,f,n;
  FILE * rf, * wf ;
  rf=fopen("bc81.in", "r");
  wf=fopen("bc81.out", "w");
  for (f=0;f<L;f++)
  {    fscanf(rf,"%d",&n);
       for (i =0 ; i <N; i++)
            for (j=0;j<N;j++)
                fscanf(rf, "%d,",&ss[i][j]);
    fun(ss,n);
    for (i=0;i<N;i++)
    {
        for (j=0;j<N;j++)
            fprintf(wf,"%d ",ss[i][j]);
        fprintf(wf,"\n");}
    }
  fclose(rf);
  fclose(wf);
}
main()
{
    int a[N][N],n,i,j;
    printf("*****Teh array *****\n");
    for (i=0;i<N;i++)
    {
        for (j=0;j<N;j++)
        {
            a[i][j]=rand()%10;
            printf("%4d",a[i][j]);
        }
        printf("\n");
    }
    do n=rand()%10;
    while (n>=3);
    printf("n=%4d\n",n);
```

```
    fun(a,n);
    printf("*****THE RESULT*****\n");
    for (i=0;i<N;i++)
    {
        for (j=0;j<N;j++) printf("%4d",a[i][j]);
        printf("\n");
    }
    NONO();
}
```

附　录

参　考　答　案

附录 A   实验参考答案

实验 1

实验 1-2

【1】area＝b1 * b2；

【2】printf("a＝％.2f，b＝％.2f，s＝％.2f\n"，b1，b2，Area)；

实验 1-3

【1】char ch；

【2】"％c，％d\n"，ch，ch

实验 2

实验 2-2

【1】# include ＜stdio.h＞

【2】char c1，c2；

实验 2-3

【1】s＝sqrt(p * (p－a) * (p－b) * (p－c))；

【2】printf("The area is：％.2f\n"，s)；

实验 3

实验 3-1

【1】t＜18.5

【2】t＞＝18.5＆＆t＜25

实验 3-2

【1】switch(n)

【2】c3＝x/1％10；

实验 3-3

```
main()
{
    int day,year,month,sum,leap;
    scanf("%d/%d/%d",&year,&month,&day);
    switch(month)
    {
        case 1:sum=0;break;
        case 2:sum=31;break;
        case 3:sum=59;break;
        case 4:sum=90;break;
        case 5:sum=120;break;
        case 6:sum=151;break;
```

```
        case 7:sum=181;break;
        case 8:sum=212;break;
        case 9:sum=243;break;
        case 10:sum=273;break;
        case 11:sum=304;break;
        case 12:sum=334;break;
    }
    sum=sum+day;
    if ((year%400==0)||(year%4==0&&year%100!=0))
        leap=1;
    else
        leap=0;
    if (leap==1&&month>2)
        sum++;
    printf("%d\n",sum);
}
```

实验 4

实验 4-1

【1】i<＝n

【2】sum ＝ sum ＋ d ＊ 2；

实验 4-2

【1】f＝2；

【2】n％f＝＝0

实验 4-3

```
main()
{
    int i,j,k,m,sum=0;
    for (i=1;i<=5;++i)
    {
        for (j=0;j<=22;++j)
        {
            for (k=0;k<=18;++k)
            {
                for (m=0;m<=11;++m)
                {
                    if (i+j+k+m<=10&&(j!=0||k!=0))
                    {
                        sum=i*160+j*40+k*50+m*80;
                        if (sum==900)
                            printf("%d %d %d %d\n",i,j,k,m);
                    }
                    else
                        break;
```

```
                }
            }
        }
    }
}
```

实验 5

实验 5-1

【1】gets(key);

【2】key[i]-=20;

实验 5-2

【1】k=s=0;k<2;k++

【2】A[i][k]*B[k][j];

实验 5-3

```
main()
{
    int a[3]={5,9,19};
    int b[5]={12,24,26,37,48};
    int c[10],i=0,j=0,k=0;
    while (i<3&&j<5)
        if (a[i]>b[j])
        {
            c[k]=b[j];
            k++;
            j++;
        }
        else
        {
            c[k]=a[i];
            k++;
            i++;
        }
    while (i<3)
    {
        c[k]=a[i];
        i++;
        k++;
    }
    while (j<5)
    {
        c[k]=b[j];
        k++;
        j++;
    }
```

```
    for (i=0;i<k;i++)
        printf("%3d",c[i]);
    printf("\n");
}
```

实验 6

实验 6-1

【1】scanf("%d",p+i);

【2】if (p[i]%2==0)

实验 6-2

【1】p<a+N

【2】p<a+N

【3】*p++

实验 6-3

```
main()
{
    char text[M][N],(*p)[N]=text;
    int line[M],i;
    char s[N];
    printf("请输入要查找的文本行:\n");
    for (i=0;i<M;i++)
        gets(p[i]);
    printf("请输入要查找的字符串: ");
    gets(s);
    printf("包含\"%s\"的文本行有:\n",s);
    for (i=0;i<M;i++)
    {
        if (strstr(p[i],s)!=NULL)
        {
            puts(p[i]);
            line[i]=1;
        }
    }
    printf("它们所在的行是:",s);
    for (i=0;i<M;i++)
    {
        if (line[i]==1)
        printf(" %d",i+1);
    }
}
```

实验 7

实验 7-1

【1】void swap(int *a, int *b)

【2】swap(&a,&b);

实验 7-2

【1】if (charFigure(str[i])&&! charFigure(str[i+1]))

【2】if ((c>='a'&&c<='z')||(c>='A'&&c<='Z')||(c>='0'&&c<='9'))

实验 7-3

```
int fibonacci(int n)
{
    if (n==1||n==0)
        return 1;
    else
        return fibonacci(n-1)+fibonacci(n-2);
}
main()
{
    int i,n;
    printf("请输入 n 的值:");
    scanf("%d",&n);
    for (i=0;i<n;i++)
    {
        printf("%d ",fibonacci(i));
    }
}
```

实验 8

实验 8-1

【1】scanf("%d%d%d",&dt.year,&dt.month,&dt.day);

【2】if (check(dt.year,dt.month,dt.day)==0)

【3】printf("\n%d %d %d is：%d days\n",dt.year,dt.month,dt.day,days(dt.year,dt.month,dt.day));

实验 8-2

【1】s[i].total+=s[i].score[j];

【2】sort(s,N);

实验 8-3

```
void vote(struct person * stu1)
{
    int i,j;
    char leader_name[20];
    for (i=1;i<=10;i++)
    {
        printf("请输入得票人姓名：");
        scanf("%s",leader_name);
```

```
        for (j=0;j<3;j++)
            if (strcmp(leader_name,stu1[j].name)==0)
                stu1[j].count++;
    }


    }
```

实验 9-1

【1】if (str[i]<='Z' && str[i]>='A')

【2】fp＝fopen("result.txt","w");

【3】fputs(str,fp);

实验 9-2

【1】fp＝fopen("data.txt","r");

【2】word＝0;

实验 9-3

```
void save(struct student_type Studentary[])
{
    FILE * fp;
    int i;
    if ((fp=fopen("student.dat","wb"))==NULL)
    {
        printf("cannot open file\n");
        return;
    }
    for (i=0;i<10;i++)
        if (fwrite(&Studentary[i],sizeof(struct student_type),1,fp)!=1)
            printf("file write error\n");
    fclose(fp);
}
void display(struct student_type Studentary[]) /
{
    FILE * fp;
    int i;
    if ((fp=fopen("student.dat","rb"))==NULL)
    {
        printf("cannot open file\n");
        return;
    }
    for (i=0;i<10;i++)
    {
        fread(&Studentary[7i],sizeof(struct student_type),1,fp);
```

```c
        printf("%10d%20s%10.2f\n",Studentary[i].id,Studentary
            [i].name,Studentary[i].score);
    }
    fclose(fp);
}
```

附录B 基础练习参考答案

练习1 简单的C程序设计

一、单选题

1. C. 2. C. 3. D. 4. B. 5. D. 6. A. 7. D. 8. D. 9. A.
10. D. 11. D. 12. D. 13. B. 14. D. 15. C.

二、填空题

【1】.obj 【2】字母
【3】连接和运行 【4】函数
【5】小写 【6】标识符
【7】char ch 【8】&a
【9】c1-32 【10】赋值运算符
【11】变量定义和说明 【12】关键字
【13】函数 【14】语句
【15】s=2.5; 【16】32
【17】复合语句 【18】形参
【19】空语句 【20】"标题文件"

练习2 基本数据类型

一、单选题

1. C. 2. D. 3. C. 4. C. 5. A. 6. C. 7. A. 8. C. 9. A.
10. A. 11. A. 12. A. 13. D. 14. A. 15. C. 16. A. 17. D. 18. A.
19. C. 20. A. 21. D. 22. D. 23. D. 24. B. 25. B. 26. D. 27. D.
28. B. 29. B. 30. B.

二、填空题

【1】基本类型 【2】void
【3】函数 【4】存储单元
【5】1 【6】float a=1.0;
【7】123 0 0 【8】a=5.0,4，2
【9】10，20AB 【10】scanf("i=%d,j=%d"，&i,&j);
【11】2008 【12】20010
【13】a=%d\nb=%d 【14】12 34

练习3 数据运算

一、单选题

1. C. 2. C. 3. B. 4. B. 5. D. 6. D. 7. D. 8. C. 9. B.
10. B. 11. B. 12. B. 13. B. 14. B. 15. A. 16. A. 17. A. 18. A.
19. A. 20. B. 21. A. 22. A. 23. D. 24. C. 25. B. 26. D. 27. B.

28. B. 29. B. 30. B. 31. D. 32. C. 33. C.

二、填空题

【1】－12

【2】25，13，12

【3】14

【4】1

【5】7，7.25

【6】（x％3＝＝0）＆＆（x％7＝＝0）

【7】1

【8】1，0

【9】1 B

【10】67 G

练习4　程序流程控制

一、单选题

1. B.　2. C.　3. B.　4. B.　5. A.　6. B.　7. B.　8. D.　9. B.
10. A.　11. B.　12. A.　13. C.　14. C.　15. B.　16. D.　17. B.　18. B.
19. C.　20. C.　21. C.　22. D.　23. B.　24. B.　25. A.　26. C.　27. A.
28. D.　29. B.　30. B.　31. C.　32. D.　33. C.　34. B.　35. D.

二、填空题

【1】5 6

【2】m＝1

【3】s＝6，i＝4

【4】1 3 5 7 9

【5】sum＝25

【6】10 10 9 1

【7】n/10％10

【8】t＊i

【9】Pass！ Fail！

【10】4

【11】Test are checked！

【12】1

【13】4

【14】x％10

【15】5

【16】不能

【17】s＝0

【18】1

【19】ACE

练习5　数组和字符串

一、单选题

1. C.　2. D.　3. A.　4. B.　5. B.　6. D.　7. C.　8. D.　9. B.
10. C.　11. B.　12. D.　13. B.　14. D.　15. A.　16. D.　17. B.　18. B.
19. C.　20. D.　21. A.　22. B.　23. B.　24. C.　25. D.　26. A.　27. C.
28. D.　29. C.　30. A.　31. B.　32. C.　33. D.　34. A.

二、填空题

【1】s＝29

【2】6

【3】f

【4】2 3 4 5 6 7

【5】i＝4；i＞2；i－－

【6】－150，2，0

【7】1，4，13

【8】3

【9】123569

【10】'\0'

【11】N

【12】3

【13】How

【14】s[i]＞＝ '0'＆＆s[i]＜＝ '9'

【15】a[i]＞a[j]

【16】26

【17】abcbcc

一、单选题

1. C.　2. C.　3. D.　4. B.　5. A.　6. D.　7. B.　8. C.　9. A.

10. D.　11. D.　12. C.　13. C.　14. B.　15. D.　16. C.　17. D.　18. A.

19. D.　20. C.　21. B.　22. C.　23. B.　24. B.　25. C.　26. D.　27. A.

28. B.　29. B.　30. B.　31. B.　32. A.　33. B.　34. C.

二、填空题

【1】9

【2】3

【3】＊＋＋p

【4】＊p＞＊s

【5】GFEDCB

【6】ga

【7】1

【8】9911

【9】3，3，3

【10】6，5

【11】13

【12】6

【13】80

【14】12

【15】8

【16】1357

练习7　函数

一、单选题

1. B.　2. C.　3. A.　4. B.　5. C.　6. D.　7. D.　8. A.　9. C.

10. B.　11. D.　12. B.　13. A.　14. C.　15. B.　16. C.　17. C.　18. A.

19. A.　20. B.　21. D.　22. C.　23. D.　24. C.　25. B.

二、填空题

【1】110＋10＝110

【2】6

【3】8　17

【4】15

【5】5，6

【6】15，7

【7】4　6　10　12　17

【8】4

【9】7　4

【10】5

【11】8

【12】getchar()！＝'@'

【13】3

【14】21

【15】3

【16】EABCD

【17】22221

练习8　复合结构类型

一、单选题

1. D.　2. B.　3. D.　4. C.　5. B.　6. B.　7. D.　8. B.　9. C.

10. B.　11. B.　12. C.　13. A.　14. A.　15. B.　16. A.　17. D.

二、填空题

【1】16

【2】24

【3】lijun，80.0

【4】20010002，70.0

【5】20001001，w

【6】110，100，axcd

【7】10,100,abcd 　　　　　　　　　【8】90.5

【9】25 　　　　　　　　　　　　　　【10】1002,lijun,980.5

【11】20,041,700.00 　　　　　　　　【12】SunDan,20044

【13】2002　Shanxian 　　　　　　　【14】51 60 31

【15】return h

练习9　文件和编译预处理

一、单选题

1. C.　2. C.　3. B.　4. C.　5. C.　6. B.　7. C.　8. C.　9. D.

10. A.　11. A.　12. B.　13. C.　14. A.　15. C.　16. D.　17. D.　18. A.

19. A.　20. B.　21. B.　22. D.　23. C.　24. B.　25. C.　26. B.　27. B.

28. B.　29. B.　30. A.　31. D.　32. B.　33. B.　34. B.

二、填空题

【1】非 0 值 　　　　　　　　　　　　【2】0

【3】fseek(fp,0,SEEK_SET) 　　　　　 【4】w

【5】m＝fgetc(fp) 　　　　　　　　　 【6】c＝getchar())!＝'@'

【7】fread(b,sizeof(float),10,fp) 　　　【8】fprintf(fp,"%10s",p[i])

【9】CBBAAA 　　　　　　　　　　　 【10】c＝ fgetc(f)

【11】Fortran 　　　　　　　　　　　 【12】FILE ＊fp

【13】fputs(a[i],f) 　　　　　　　　　【14】fgets(a[i],10,f)

【15】4 　　　　　　　　　　　　　　 【16】D

【17】38 　　　　　　　　　　　　　　【18】8.5

【19】6 　　　　　　　　　　　　　　 【20】27

附录 C 模拟练习参考答案

模拟练习 1

一、单选题

1. C.　2. A.　3. A.　4. A.　5. C.　6. B.　7. D.　8. C.　9. D.

10. B.　11. B.　12. A.　13. C.　14. B.　15. C.　16. B.　17. D.　18. A.

19. A.　20. D.　21. A.　22. A.　23. B.　24. C.　25. D.　26. D.　27. D.

28. C.　29. A.　30. D.　31. B.　32. B.　33. C.　34. C.　35. B.　36. A.

37. A.　38. A.　39. D.　40. D.

二、程序填空题

【1】＞0　　　　　　　　【2】＊（pstr ＋ j）　　　　　　　【3】p

三、程序修改题

1.【1】p＝j;　　　　　　　　　　　　　　　　　【2】p＝i;

2.【1】int fun(int ＊ x,int ＊ y)t＝ ＊ x;　　　　　　【2】*x＝*y;*y＝t;

四、程序设计题

```
void fun(char p1[], char p2[])
{
    int i;
    while (＊p1!='\0') p1++;
    while (＊p2!='\0')
    {
        *p1= ＊ p2;
        p1++;
        p2++;
    }
    ＊ p1='\0';
}
```

模拟练习 2

一、单选题

1. A.　2. D.　3. C.　4. A.　5. D.　6. A.　7. D.　8. D.　9. C.

10. D.　11. B.　12. C.　13. B.　14. B.　15. A.　16. C.　17. A.　18. C.

19. C.　20. C.　21. B.　22. D.　23. D.　24. C.　25. A.　26. B.　27. A.

28. A.　29. B.　30. C.　31. B.　32. A.　33. A.　34. B.　35. A.　36. C.

37. C.　38. D.　39. B.　40. C.

二、程序填空题

【1】"r"　　　　　　【2】!feof(fs)　　　　　　【3】fgetc(fs)

三、程序修改题

1.【1】If(n＝＝0)　　　　　　　【2】result ＊＝ n－－;

2.【1】.int i,j;　　　　　　　　【2】scanf("％d",&a[i][j]);

四、程序设计题

```
void fun ( char * s )
{
    int i,length;
    char tmp;
    length=strlen(s);
    for (i=0;i<length/2;i++)
    {
        tmp=s[i];
        s[i]=s[length-i-1];
        s[length-i-1]=tmp;
    }
}
```

模拟练习3

一、单选题

1. B.　2. A.　3. A.　4. D.　5. D.　6. B.　7. D.　8. B.　9. D.

10. C.　11. A.　12. B.　13. C.　14. C.　15. A.　16. B.　17. B.　18. D.

19. D.　20. D.　21. D.　22. D.　23. B.　24. B.　25. D.　26. D.　27. D.

28. A.　29. A.　30. B.　31. A.　32. D.　33. A.　34. B.　35. D.　36. C.

37. D.　38. C.　39. A.　40. B.

二、程序填空题

【1】s＝s＊i　　　　　　【2】jc(m－n)　　　　　　【3】return p;

三、程序修改题

1.【1】float　fun(float r);　　　【2】return 1.0/2*3.14159*r*r;

2.【1】int fun(int n)　　　　　【2】if(n＝＝1)

四、程序设计题

```
int fun (int a[][N],int n)
{
    int i,j;
        for (i=0;i<N;i++)
            for (j=0;j<=i;j++)
                a[i][j]=a[i][j] * n;
}
```

图 书 资 源 支 持

感谢您一直以来对清华版图书的支持和爱护。为了配合本书的使用,本书提供配套的资源,有需求的读者请扫描下方的"书圈"微信公众号二维码,在图书专区下载,也可以拨打电话或发送电子邮件咨询。

如果您在使用本书的过程中遇到了什么问题,或者有相关图书出版计划,也请您发邮件告诉我们,以便我们更好地为您服务。

我们的联系方式:

清华大学出版社计算机与信息分社网站:https://www.SHUIMUSHUHUI.com/

地　　　址:北京市海淀区双清路学研大厦 A 座 714

邮　　　编:100084

电　　　话:010-83470236　010-83470237

客服邮箱:2301891038@qq.com

QQ:2301891038(请写明您的单位和姓名)

资源下载:关注公众号"书圈"下载配套资源。

资源下载、样书申请

书 圈

图书案例

清华计算机学堂

观看课程直播